幸福是一种能力

时光清浅，许你安然

幸福女人的心理疗愈课

宿春君 > 著

新世界出版社
NEW WORLD PRESS

图书在版编目（CIP）数据

时光清浅，许你安然：幸福女人的心理疗愈课 / 宿春君著. --北京：新世界出版社，2017.3

ISBN 978-7-5104-6067-8

Ⅰ.①时… Ⅱ. ①宿… Ⅲ. ①女性－幸福－通俗读物 Ⅳ. ①B82-49

中国版本图书馆CIP数据核字（2016）第302096号

时光清浅，许你安然：幸福女人的心理疗愈课

作　　者：宿春君
责任编辑：张杰楠
责任校对：宣　慧
责任印制：李一鸣　黄厚清
出版发行：新世界出版社
社　址：北京西城区百万庄大街24号（100037）
发行部：(010）6899 5968　（010）6899 8705（传真）
总编室：(010）6899 5424　（010）6832 6679（传真）
http://www.nwp.cn
http://www.nwp.com.cn
版权部：+8610 6899 6306
版权部电子信箱：nwpcd@sina.com
印　刷：三河市骏杰印刷有限公司
经　销：新华书店
开　本：710mm×1000mm　1/16
字　数：200千字　　印张：12.75
版　次：2017年3月第1版　2017年3月第1次印刷
书　号：ISBN 978-7-5104-6067-8
定　价：32.80元

前言

Preface

幸福，不仅仅是一个美好的词语，更是每个女人都向往的生命境界。尘世间的女子，无不渴望做一个幸福的女人，可是，如果有谁问她们幸福不幸福，相信很多女性就会微微摇头，陷入沮丧之中。

随着生活节奏的加快、市场竞争的加剧，工作的压力、情感的迷茫、婚姻的困惑、家庭矛盾的困扰、子女教育的问题、自我能力的提升矛盾等，对很多女性产生了强烈的心理冲击，让她们感觉身心俱疲，觉得幸福离自己越来越远……

其实，生活的负面形态是谁也躲避不了的，每个人都在承受着来自外界的各种压力，它们是人生的重要组成部分，但即使是这样，我们身边也不乏让人羡慕的、得到幸福的女人。

幸福的女人，用心感受生活的点点滴滴：每个清晨醒来时，会给予熟睡中的爱人一个甜蜜的吻；在梳妆台前，无论时间多么匆促，都会对着镜子精心打扮一番；每次参加朋友的聚会，都有可以和大家分享的生活感悟；每次完成工作任务后，都会以不同的方式犒赏自己……每一声鸟儿的轻声啼叫，每一朵棉花糖一样雪白的云彩，每一次运动之后的淋漓尽致……都会成为她们感知幸福的途径。

这并非因为她们有过于常人的智慧，也不是因为她们天赋异禀，真正的原因在于她们深切地了解自己和他人的心理，并且循着心理学的指点一步一步打开生活的郁结，创造人生的美满。

幸福的女人知道，面对纷繁的世事，应当优雅从容；面对人生的烦恼，更要气定神闲。命运对于她们来说，是一种怡然自得的享受，而非逆来顺受的承担。她们不论在职场中，还是在爱情、婚姻、家庭里，都能够得心应手。

当你觉得生活没有色彩时，当你觉得压力让你崩溃时，当你觉得人际关系让你身心疲惫时，当你战战兢兢地应付着婚姻与家庭的种种不顺时，你需要的不是抱怨哀叹，而是去学习一些简单的心理学，它将帮助你走出迷茫，走出困境，走向你渴望的绚丽舞台。

心灵的负累，往往会以一种隐蔽的方式压在女人身上。人心是世上最深邃的一把锁，用心理学的知识将它打开，一切问题都将迎刃而解。

追求幸福的女人们，请用你哀伤叹息的时间来读读这本《时光清浅，许你安然：幸福女人的心理疗愈课》，学习一些简单的心理学知识，相信你会逐渐走出迷茫，以一种全新的姿态面对生活，让你的幸福轻舞飞扬。

本书从男人心理、女性心理、爱情、婚姻、家庭、社交、职场、情绪、性格等方面入手，阐释心理学的诸多原理，传授心理方面的实用技巧，教女人洞察各类人群的心理世界，提高做人办事的眼力和心力，在生活中化解各种矛盾，在事业上取得进一步的成就，赢得美好、幸福、成功的人生。

目录

Contents

第五章

情爱路上，把握性福平衡木

第六章

失恋之后，忘记是种心理能力

第七章

婚姻是万里长征，在过程中修炼自己

第八章

婆媳非天敌，握手言和不是事儿

第九章

玩转社交，赢得人心

第十章

瞬间读懂上司，职场狭路变宽路

第十一章

搞定同事，让办公室不再暗涛汹涌

第一章
听懂男人心，与“火星人”和睦相处

男人都有“性爱分裂症”

美国心理学大师约翰·格雷在《男人来自火星，女人来自金星》系列图书中指出，男人因性而爱，女人因爱而性。为什么会这样呢？他说：“男人需要通过性来感觉爱。几千年来不断进化的结果是，男人学会了抑制自己的感受和情绪，以适应他们保护者和提供者的天职。大多数男人认为，完成工作比花时间解释感觉更为重要，更多的感觉和感情只会阻碍他们达到目的。男人的天职和本性决定了他需要通过性来感觉爱。在茹毛饮血的时代，男人投入野蛮的战斗中，必须把他们的感受放到一边。为了养活他的族人，保护他的族人，男人不得不随时接受死亡的挑战，也要常常忍受酷暑和严寒的折磨。在适应生存要求的过程中，男人渐渐变得麻木。事实上，这种差别戏剧性地表现在皮肤的敏感性上——女人的皮肤比男人的皮肤要敏感10倍。

“为了抵抗疼痛，大自然让男人学会了关闭自己的感觉。然而，男人不再感到疼痛的同时，也失去了对幸福与爱情的敏感。对多数男人来说，用锤子敲手指或者看一场足球比赛根本无法让他们重新敏感起来，但性爱可以，并且性爱绝对能使男人获得最敏感的体会。性爱让男人重新学会感觉。当男人的感觉被唤醒后，他再度发现了隐藏在内心深处的爱情。通过性爱，男人重新获得感觉；通过感觉，男人再次回到灵魂深处。”

关于男人重性，有资料表明：男性大脑负责控制性意识区域的面积，几乎是女性的两倍。这也是很多男人比女人好色的原因之一。美国加州大学的一份性学报告指出，男性平均52秒就会联想到性方面的事情。对男人而言，性可以只是性，只有当他们觉得有必要时，才将性和爱统一。

男人的性是一种本能，与爱没有必然的关联。关于这一点，我们再看看约翰·格雷博士是怎么说的：

“刚开始交往时，男人首先就被漂亮女人靓丽的外表、性感的身材迷住了，尽管他对她一无所知，但被本能冲昏了头脑，便开始毫不犹豫地疯狂追求她。一旦男人感觉到性冲动，往往就会认为他对这个女人了如指掌。他对她充满了兴趣，愿意流连在她的身边，甚至会认为自己已经不可救药地爱上了她。其实，真正的考验在于：在他渐渐真正了解她之后，是否还依然爱她。尽管一时的激情看似情意绵绵，但这并非真爱，同样也难以持久。唯有历久弥坚的感情，才是真正的爱情。”

所谓的移情别恋有时并非情感的背叛，而仅仅是肉体的厌倦。在这场失败的恋情中，男女双方都负有不可推卸的责任。他们一开始就把注意力过多地集中在肉体方面，却不重视创造了解彼此的机会，爱之不深、思之不切，也就很难发现对方是否与自己性情相投、心心相印。

男人的“妈妈/情人综合征”

在心理分析领域，有一个“妈妈/情人综合征”，意思是说，对于与他有或有过恋爱关系，以及希望有恋爱关系的女人，男人要么把她看成“妈妈”，要么当成“情人”。

事实上，男人对一个可爱、乖巧的女性的真诚之爱，就像是他对母亲的情感。因为母亲不会跟他进行心理较量，反而总是满足他的一切要求。对于这类女性，男人说：“她真可爱，但我对她不‘来电’。”

相反，男人对所谓的“坏女孩”往往情有独钟。她们不会给男人洗衣服、做饭，约会时经常放他们的鸽子；她们从男人的钱包里大把大把地掏钱，但给他们的回报微乎其微，男人却乐此不疲，想尽一切办法讨“坏女孩”的欢心。“坏女孩”才是他们的情人，是他们心尖上的肉、手心里的宝。

乖乖女们不由自主地想：男人为什么都这么“犯贱”？

其实，乖乖女们应该知道，即使你堪称贤妻楷模，男人仍然想在家门之外有一个情人。乖乖女与情人是相对立的，因为日复一日的“母爱”，终将导致男人的厌倦。

因此，乖乖女们要明白，有些行为会让男人感到窒息，使他感觉自己好像在面对母亲，让他厌烦，他会像一个叛逆的孩子一样，与你保持距离。你应当杜绝带有母爱色彩的行为：

（1）不要盘查他，不要常常让他向你汇报。

（2）不要总是逼问他，不要说如“你有多长时间没跟我在一起了”之类的话。

（3）在你没有事先要求的情况下，不要指望他把全部空闲时间都拿来与你共度。

（4）不要过分卿卿我我，否则，他就没有足够的空间来欣赏你。

（5）不要表现出你正在监视他。比如，在他放下电话之后，你马上询问是谁来的电话，或是在他打电话时插话。

（6）不要让男人感到，他日常做的每一件事都要得到你的许可。当你把他看得太紧的时候，就会让他感到窒息。不要让他觉得自己生活在显微镜下，否则，他会觉得失去了自由，很快就会想逃跑。

（7）不要说“把你的衬衫塞进去”“去洗洗手”“去梳梳头”之类的话。哪怕他连续三顿没吃饭，你也不要唠叨，不要代替他的手和脚——除非他得了感冒（但如果他只有轻微的流鼻涕症状，就无须小题大做）。

（8）不要把他的周末时间安排得满满的，否则，他就会像一个十几岁的孩子那样，因为被妈妈实施了宵禁而变得非常叛逆。

记住，只有当他感到见你不是自己必须履行的义务时，他才会对你心驰神往。对男人而言，你应该更像一个情人，而不是像他的老妈，这样他会更加珍惜你。

花心：男人的原罪

有人说，花心是男人的原罪，生理上或心理上的出轨总是免不了的，尤其是事业有成的已婚男性，更是出轨高发人群。但聪明的女人知道，想偷腥的男人很多，真正改旗易帜的却寥寥无几，大多数男人都不会真的爱上所谓的“小三”，他就像个调皮的孩子，天黑了还是会回家的。

男人在异性面前往往有一种强烈的表现欲，对异性的探索欲也是他们与生俱来的。这些欲望不会因结婚而消失，而且，如果夫妻生活显得贫乏枯燥，缺乏激情，这些欲望就表现得分外强烈。同一办公室的异性同事、长期来往的异性客户等，常是这种表现欲和探索欲的载体。在这些交往中，男人常常冒出这样的念头：“她是否对我有好感？跟她谈话我觉得很愉快，许多方面她比妻子更理解我。”

男人拿自己的妻子与别人的妻子相比较，常得出“老婆是别人的好”的潜在结论。这是大多数已婚男人的心理误区：自己妻子的缺点被放大，别人妻子的优点被夸大。

异性交往的心理误区大多数只是一种欲念，一种在脑海里经常闪现的念头。如果经常受这种欲念的困扰，男人的外遇纠葛就开始了。

尽管男人外遇有着共同的心理学基础及相似的外在社会环境，但就具体个体而言，寻找婚外性伴侣却有不同的心态和原因：或许是由于长期两地分居、疾病、对配偶无兴趣或其他原因，夫妻在相当长一段时间内没有性生活，处于性饥渴状态；或许是由于多样化的企求；或许是由某种愤怒而引起；或许是试图在人生特定阶段到来之前实现自己青春的渴望等。

当然，这样的情况在男人中十分普遍：他们既不缺乏性生活，也没有对配偶不满，然而他们认为一夫一妻制是对个人自由发展的一种限制。他们一方面维持家庭的稳定性，另一方面又去找情人，情人只能是单纯的性关系，并要求情人间不干涉对方的家庭。

也就是说，不少男人的婚外情并不是因为对家里的生活感到不满，而是出于对新鲜感的无限欲求及对性生活的多样化追求。刚开始，他会因为新鲜和兴奋而雀跃，因对妻子不忠而产生的罪恶感甚至变成了越轨行为的魅力之一。可是，这种魅力很快就会褪色。

起初，男人只是和情人寻欢作乐，然后在对方的赞美下愉快地穿上衣服回家。可是，女方的要求可能越来越多，因为约会往往只有两人面对餐桌，女方会抱怨为什么两人不能一起到外面的餐厅进餐。其次，她会觉得寂寞，因而要求男人和她共度周末、假日，如果男人无法满足这些要求，她会觉得自己被冷落了、忽视了……结果，男人很自然地便会觉得她碍手碍脚，甚至怀疑她有意破坏他的家庭。再过不久，男人就会发现自己不想再和她见面了，因为那种约会既无聊又需花费精力和时间，回到家中还得对妻子编一套谎言。

为什么会变成这样呢？刚开始不是很美妙的吗？那时，每次想到她都不自觉地面露微笑，但不知从何时起，一切都改变了。渐渐地，他会对女方感到厌烦并寻找各种理由断绝与她的关系。这时候，他会想起家的温暖、妻子的温柔贤惠，走进家门，看见桌上摆满了妻子为自己准备的最爱吃的菜，他的心就再也舍不得离开了。

男人往往认为美妻靠不住

一般来说，男人开始强烈地意识到“该结婚了”这件事是在30岁前后，这与男人的成长历程有很大关系。在刚刚踏入社会的四五年内，男人经常可以和校友或同事一起喝酒、发牢骚，借以消除疲劳，然而随着年龄的增长，相互间逐渐产生了地位的差距。特别是30岁之后，杰出者与平庸者会明确划分为两个集团。如此一来，即使曾经是推心置腹的朋友，也不得不为新的社会关系所束缚，这种关系有可能是竞争对手关系，也有可能是等级森严的上下级关系。这个时候，男人通常便会想找个女人结婚了。

那么，进入这个阶段的男人，一般会选择什么样的女人作为结婚对象呢？过去，人们认为大多数男人会以容貌、身段作为首要条件，女人越漂亮就越受男人欢迎。其实这是一种误解，现在许多男人结婚并不那么看重外貌。事实上，那些长相普通，但是肯做家务、脾气好、真心实意地爱自己的女人，才是男人的首选对象。

现实生活的复杂性，造就了男人在婚恋问题上的感性与理性的背离：恋爱时追求激情与性感，结婚时依据理性与现实。在一般公司职员中，一直流行着“贤妻成事”“有个好老婆，就能出人头地”之类的说法。比如，在邀请公司同事来家里玩或去拜访上司时，男人希望自己妻子能落落大方，给别人留下好印象。

总之，在社会上受到了严格锻炼的男人，对于结婚不像女性那样总抱有不切实际的梦想，而是以冷静的目光观察自己的周围，为自己物色合适的对象。有一点必须注意的是，有些男人往往恋爱时说的是一套，实际生活中做的又是一套。特别是在未婚妻能否与自己双亲和谐相处、能否认真地照顾家庭这些方面，男人的想法往往是很保守的。在现实中，由于双亲反对而解除婚约的例子也不在少数。在这方面，男人比较顾忌周围人的评价和反应，他们会觉得：即使不顾父母的反对与某个女人结婚了，以后夹在父母与妻子之间，日子也不好过。

男人的这种保守与立足现实的心态，与其扮演的社会角色有很大关系。有一位八面玲珑的女性做妻子，十分有利于个人发展。“你妻子人不错嘛”之类的赞誉之词，不仅仅是夸奖其妻子，还暗含着肯定其身为丈夫的品位之含义。出于种种考虑，男人在选择妻子时普遍认为：长相普通但有教养的女子要远远胜过那些仅在外表上吸引人的女子。

另外，男人不想娶漂亮的女人，还有一个潜在心理，那就是“男人娶美妻变得没出息”的观念。他们认为，男人如果娶了漂亮妻子的话，他的一生就注定是个失败者。

长相漂亮的女人往往有优越感，认为男人娶了她是“高攀”，所以婚后要求丈夫无微不至地照顾她，千方百计满足她无休止的，甚至不切实际的欲望。男人生怕冷落美妻，便在她面前有求必应、唯唯诺诺，几乎变成她的附庸，自然也就没有多少精力用在事业上了，结果便是碌碌无为、毫无成就。这实际上又造成了妻子离开他的潜在危机，岂不是“赔了夫人又折兵”？并且，男人娶了美妻之后，便将自己置于“妻奴”的地位，担心她招蜂引蝶、移情别恋。他一方面会感到很得意，另一方面也时常会有莫名的不安感，他会因为担心她有朝一日离开自己而忧心如焚，所以花在工作上的心思也就大为减少了。

总之，与女人相比，男人对待婚姻确实更为现实，在促使其决定结婚的因素中，现实的东西多于爱情，因此，他们往往会把女人的相貌摆在很靠后的位置。

恐惧感在男人心中挥之不去

男人经常对孩子说：“别怕，有爸爸呢。”当家庭遇上什么事的时候，男人也会对老婆说：“别怕，有你老公呢。”表面上，男人似乎成了勇敢无畏的代名词，但实际上他们内心深处也有许多恐惧，比如怕黑、怕登高、怕蛇、怕小偷、怕失业、怕被人轻视、怕男性能力不足等。

其实，男人最大的恐惧在于他们不能承认自己害怕，而必须将自己的种种恐惧深藏在勇敢无畏的面具之后，以使他们在这个处处讲究成绩、讲究效率的社会体系中更容易获得成功、财富和幸福。

我们生活在这样一个社会中：人们反复告诫自己，学历低是不行的；不会英语、电脑是危险的；你的薪水处于贫困线附近是可耻的；你到现在还没房、没保险，到老年是可悲的。很多男人在这样一种理想典范面前是一个失败者、一个病人、一个被抛弃者、一个孤独者、一个绝望的人……如此一来，恐惧就会随之产生。

由此可知，男人的恐惧感源于社会对男人提出的种种要求。例如，男人应该成为一个胜利者，男人应该承担起养家的责任，以及男人应该是一个保护者，男人应该在竞争中处于优势地位，而不该沦为社会的底层等。这些要求给了男人很大的压力，在这种巨大的压力下，恐惧便产生了。大多数男人很少愿意或根本就不愿与社会地位高于自己很多的人交往，因为他们恐惧这些人给予他们心灵上的压力。

并且，男人对聪明、有才智的女人也有一种莫名其妙的恐惧感。他们经常给这类女人冠上一些带有轻蔑意味的称呼，什么“男人婆”“女强人”之类。有的男人解释说：“我对于有些女人的确存有恐惧感，特别是那些聪明的女人，她们时时处处表现出她们的优越，让人觉得她们强悍泼辣。我非常不愿意亲近。”所以，《红楼梦》中的王熙凤虽然聪明能干，但因泼辣又被称为“凤辣子”，她的老公贾琏都对她敬而远之。

男人的恐惧各有各的特色，从身份地位的角度可把男人分为官员、商人、老百姓。做官的男人表面看来居庙堂之高，威风八面，志得意满，内心却整日担心自己是否会被同僚代替；经商的男人表面看来叱咤风云、挥金如土，私底下却整日担心生意蚀本、炒股跌停、资金被人卷走、欠债难还等；普通小市民、工薪小职员一类的男人表面看来衣食无忧，知足常乐，却对老婆的唠叨、柴米油盐的算计恐惧有加。

总之，无论怎样优秀的男人，无论怎么豪气万丈的“爷们儿”，在他们威严震慑的目光下，宽阔坚实的胸膛后，粗壮有力的手臂间，都有几根不大不小的“软肋”。

普通男人最恐惧的是害怕事业无成，碌碌无为。孔子曰：三十而立，四十不惑，五十知天命。爱因斯坦26岁提出了相对论，诸葛亮27岁挂帅三军，杨致远29岁创建雅虎，而普通男人心惊胆战地翻着日历爬上了30岁的山头，蓦然回首，发现自己仍然一事无成，找不到一丝成功的感觉。看着那些20来岁的年轻经理、老板们豪气万丈的样子，他们就愈加像那烈日暴晒下的庄稼，怎么也抬不起头来。惭愧之余，又非常庆幸伟大的鲁迅先生创造了阿Q，庆幸阿Q也是个男人。不管怎么说，他们还有固定的工作、几个忠实的朋友、漂亮的妻子和聪明的儿子，尚能比阿Q强出百倍。

再就是恐惧囊中羞涩、家徒四壁，没有余钱可以挥霍。现代文明创造出了让人眼花缭乱的物质商品，除了花园洋房别墅之外，还制造出了奔驰宝马一类的代步工具；不仅筑造了豪华舒适的酒楼宾馆，还建造出了摆有琳琅满目商品的超市商场。它们的共同特点就是需要用国家限量发行、不能随心所欲拥有的货币来换取。居家男人最恐惧的就是陪妻子儿女逛商场，面对儿子紧盯不放的玩具，面对妻子望眼欲穿的钻戒，捏着手中微薄的钞票沮丧地伸不出手，他心中的恐惧无以复加。他也怕听见熟悉的人又买车又买房又开公司之类的话。这些都成为沉甸甸的石头压在他们肩上，让他们感到呼吸困难。

男人的软肋，只有当他举起手臂，别人才能看到。但对于大多数男人来说，头可断，血可流，伟丈夫名声不可丢，面子总是摆在第一位的。尽管有的男人只是一只雏燕，却极力掩饰着内心对高空的恐惧，模仿着雄鹰的英姿去搏击长空。

好男人也有坏心思

美国社会学家格雷尔指出：“人们通常可以通过两个途径了解一个人，一是所谓的路遥知马力，在长期交往中了解对方为人；另一个途径是，仅从一些简单的非语言性的迹象中看穿他。通过解读他的行为方式，就可以十拿九稳地确知他的本性。”显然，“路遥知马力”在女人识别男人这里是不管用的，因为男人会竭尽全力掩盖坏的一面，而第二个途径却不失为一个很好的选择。

每个人都有好的一面和坏的一面，当男人和女人相遇、相恋时，许多男人会掩藏自己坏的一面，以好的一面去博得女友的欢心。一旦结了婚，男人的另一面就会自然流露出来，使许多女人大呼上当。那么，如何在婚前识别男人的好和男人的坏呢？

（1）爱炫耀自己如何能干的男人，可能爱慕虚荣，比较偏激。美人配英雄，事业的成功是男人的勋章，也是许多女人给自己预订的彩礼。正因如此，男人喜欢夸夸其谈地讲述他的才能、成绩、聪明，这耀眼光环可以美化他在女人面前的形象，的确使女人为这光环备感自豪，从而忽略了“一流”背后的脆弱。而事实是，许多时候，男人在女人面前炫耀自己的出众，只是为了强调自己比其他的男人强，而这本身就反映了男人的自卑心理。

（2）讲究穿着打扮的男人，往往只会考虑自己的感受。许多女性认为，讲究衣着服饰的男人往往热爱生活，与这样的男性结合，家庭生活会很轻松。然而事实是，这样一个非常关注自己的人，恐怕很难把注意力投向别人。正因如此，他很少关照、理会别人的心理状态和感情世界。

女人不要只看男人的外在形象，在决定是否要和他深入交往时，要冷静地进行分析，他是在欣赏自己对你的吸引力，还是被你所打动？这决定了他以后在婚姻生活中会对你采取何种态度。否则，你的婚姻中“引进”的可能只是一个中看不中“用”的模特儿，一个只要权利不尽义务的特权分子。

（3）越细腻、中肯的男人越可能是事事计较的人。言谈中肯、心思细腻的男人，女人常常觉得他周到、体贴，是一个可以托付终身的男人，而忘记了他这份细腻的“广泛”性。当他为你准备出门的行装时，他也可能会因你买了他不喜欢的服装而喋喋不休；他能领会你最细微的情感，也就会为你无意中说的厉害话而烦恼纠缠不已；他可能是主动下厨并以此为乐的男人，但也最可能为菜价的贵贱而唠叨不已……他的细腻“惠及”生活的每一个角落。

辩证法讲凡事都要看事物的两面，然而生活中我们最常犯的错误就是，只看到事物的一面，而忽略了另一面。如果你是一个骨子里信奉传统男性角色的女人，那你一定不可能容忍一个对生活每一个细节都要插手的男人。如果你是一个主外型女性，那他也许能弥补你的某些粗心大意。

（4）喜欢强词夺理的男人，责任感往往不强。面对错误，他能找出许多合理的解释，此时你也许会为他的理性所打动，但要注意的是，这样的人常常是没有责任感的。一般来说，出现问题，人们通常的反应是为自己的错误道歉，请求原谅。而这类人多半会寻找诸多的解释，为自己开脱。二者的区别就在于一个能体谅别人，一个以自我为中心。不要小看了这种归罪于人的习惯，在婚姻中它会让你陷于“红颜祸水”的窠臼。不要只欣赏他的能言善辩，更要了解他在其中表现出的处世之道。

（5）越体贴入微的男人也越可能专横霸道。生活中，人们越宠爱、关切什么，也就越想占有什么。一个男人对你百依百顺、殷勤备至，许多时候是为达到拥有你的目的。什么样的动机产生什么样的结果，这是必然的。“小鸟依人”是这种男人的理想。如果你是一个喜欢依赖别人的女性，也许这份“呵护”能让你心醉；但如果你个性很强，硬碰硬的结果自是争执不断。

女人在情场上一定要擦亮双眼，识别那些“好男人”的坏心思，透过现象看本质，不要被外表所迷惑。

撒娇，满足他的英雄情结

都说新时代的女人一定要有坚强的个性，如果一个女人在拥有坚强内心的同时还会偶尔向自己的爱人撒撒娇，相信她一定是个幸福的女人。坚强是一朵盛开在阳光下的向日葵，而撒娇就是一朵起舞在月色中的夜来香，不同时间的吐蕊，演绎着不一样的精彩。只要是能够为我们的生活增添美好的花朵，我们就允许它绽放。

撒娇是一门生活的艺术。撒娇艺术，其实就是古代兵法上“以柔克刚”的艺术。老子认为“柔弱胜刚强”，他说：“天下莫柔弱于水，而攻坚强者莫之能胜，以其无以易之。”这句话的意思是说，天下没有比水更柔弱的东西了，但是任何坚强的东西都抵挡不住它，因为没有什么可以改变它。

撒娇是女人的一种风情，可以为她们增添几分柔媚的色彩。一声娇柔的呼唤，会融化男人心中所有的原则；一句嗲嗲的轻嗔，会让男人顿然觉出自己的伟岸，看着身边的女人如花般美丽、如水般温柔可人，心里那份自豪、那份释然并非语言所能表达。

撒娇是女人的一种本性，也是一种手段。但是如果使用不当，也可能适得其反。所以女人要注意撒娇禁忌：

1. 公事场合不能撒娇

跟男友或丈夫撒娇本来就是两个人私底下的情趣，最好不要带到公事场合。否则你的行为会让他觉得很难堪，甚至会让别人觉得他对大家的重视度不够，从而影响到他在大家心目当中的形象。

2. 心情欠佳惹烦厌

避开了公事场合，也不代表在两个人的世界里就可以随便撒野。做事情的时候，不管对方是多么亲近的人，都要留心他的心情。如果对方心情不好，千万不要贸然行事，把什么事情都想当然。

在生活中，男人需要承担家庭生计的重担，思想压力大，再加上工作上难免有些琐事，发展前景也未必时时都那么明朗。如果在他心情不好的时候对他撒娇，他会认为你在无理取闹，不懂得体贴，不懂得替他着想。这样一来，你的不经意的“任性”，就可能引发一场你们两个人的战争。

3. 见好即收最醒目

正所谓物极必反，撒娇也是如此。选对合适的时机，也要把握好合适的分寸。也许最初的几次，他还没有表现出什么，你的撒娇也取得了自己想要的效果，但是，一直这样下去，他会觉得你是得寸进尺，于是就会改变对你的态度。也或者，他会开始觉得你难伺候，难以相处，这样，本来是一种调解生活的情调，却可能破坏掉了其中的诗意，成了失意。

女人的撒娇有两种，一种是真情的自然流露，另一种是为达到目的的做作。撒娇可以是嗔怒笑骂，也可以是掩面而泣；可以是一个眼神，也可以是一声轻呼；可以是粉拳轻捶，也可以是小鸟依人……出于真情的撒娇有花前月下、碧波映月的温柔，出于心计的撒娇有做作之感，但是男人很少能辨其真假，正所谓不识庐山真面目，只缘身在此山中。对于女人的撒娇，男人大概没有多少抵抗能力，所以，聪明的女人知道以柔克刚的杀伤力，懂得在平淡的生活中如何运用撒娇演绎出一份浪漫，去化解生活中剑拔弩张的气氛，去成全男人保护女人的那种欲望。

一个拥有幸福感的女人一定是个会撒娇的女人，一个拥有成就感的男人一定有一个会撒娇的女人。偶尔在自己深爱的男人面前撒撒娇，不仅满足了男人的英雄情结，还能让自己获得更多的宠爱。

满足他被体贴的顽童心理

男人也撒娇吗？当然。只是男人撒娇不像女人那样“明目张胆”，女人略有粗心，就可能忽视。千万别对男人的撒娇视而不见，因为它不仅折射出男人对你的感情，更透露出他们的性格和心情。掌握男人撒娇的命门，你就是最懂他的人，也是他最最离不开的人了。

雅雅的男朋友是一家公司的中层管理人员，可就是这个在工作中果断威严、说话掷地有声的大男人，在和雅雅独处时却喜欢钻进雅雅的怀中：“今天我很累，你给我揉揉腰，这儿，这儿……”“雅雅，我今天脖子可酸了，你给我捶捶。”雅雅搂过男友放松的身子，像慈祥的母亲抚慰着年幼的孩子。男友在她的怀里是那么温顺，那么温情，一副开心舒适的样子。

调查发现，在不同国家、不同种族、不同教育背景、不同年龄特征、不同收入水平的1400个家庭中，都存在一种有趣的现象：男人在家中撒娇的概率远远超过妻子和孩子。也就是说，全世界成年男子的脆弱程度及抚慰需要都要高于女性，甚至高于孩子。

欣和老公东是一对新婚一年的小夫妻。每天早上，欣匆匆起床做早餐，当她把热腾腾的牛奶和面包端上餐桌时，东还赖在被窝里，已经是7点半了，再不起来上班就该迟到了。欣掀开东的被子想把他叫醒，却看见东半眯着眼睛，抱着枕头蜷在床上，含含糊糊地说道：“宝贝，你得把我吻醒，要不我就不醒来。”欣看着丈夫的可爱相，只好低头轻吻东的双眼，这时东又故意撒娇说：“宝贝给我穿裤子。”说着还像小孩子一样把双腿举得高高的。欣被东憨憨的样子逗得直笑，又给他穿上裤子，并且像妈妈照顾儿子一样，给东仔细地扎好皮带。东这才跃起来，把欣抱住，一边用力地吻欣，一边说：“宝贝真好！”

平心而论，生活中大多数的恋情，绝大多数男人都扮演过类似的角色，绝大多数女人都当过类似的配合者。

心理学家分析，这些行为表明男人在撒娇。面对压力或者欣喜，女人可以撒娇、任性、打情骂俏。而男人呢？背负着从古至今的“男儿有泪不轻弹”的包袱、“喜怒哀乐不形于色”的古训，一直扮演着强悍的社会形象。强者形象给男人带来某些特权的同时，也给男人带来了更多的心理压力。

从小，男人就接受着这样的教育：你是男子汉，男子汉要刚强。即使在最新潮的家庭，也难免把男人看成全家的重心。遭遇风雨的时候，不正是首先由男人来遮风挡雨吗？强者，这就是男人的社会角色。但是，男人的这一社会角色不过是社会文化的产物，男人并非钢浇铁铸，在自然本性上和女人一样，都有脆弱的一面，都有心灵的伤痛渴望抚慰。由于男人要扮演强者，就得承受更多的生活压力，拥有更少宣泄的机会。但人总需要心理的自我调节，于是，回到家中，在他最放松的环境里，男人便把自己的脆弱暴露给心理上的母亲，以获得心灵的抚慰。正因如此，男人也就更容易在妻子或女友面前撒娇了。

男人撒娇，是因为他已经把妻子或女友当成了至亲至爱的人，从而在妻子或女友面前，彻底蜕掉坚硬的外壳，承认自己的脆弱并索要宠溺。

女孩子在面对自己的男人撒娇时，不要吃惊或反感，不要用所谓“男子汉”的标准苛责他，而应该学会读懂他那孩子般的眼神，宽容地对他笑笑，说乖宝宝，就听你的吧；或者温柔地抚摸他，充分满足他被纵容、被体贴的需求。

乖女人满足男人的权力欲

生活中我们常常听到有男人讲自己找女朋友的标准是对方“听话”，男人的这一想法其实是他的权力欲使然。不仅仅是在感情中，在生活中的各个方面，男人都或多或少地有一种支配欲、征服欲。

现代社会中，男人在许多领域都处于支配者的地位。这使得每一个男人都潜在地，甚至先天地有一种支配欲、征服欲，而这些欲望必然导致对权力的追求。一个男人只有赢得了权力，才可以充分实现自己的支配欲、征服欲。

然而，权力岗位的有限性与追逐这一岗位的男人的无限性，使得绝大多数男人成为权力追逐战中的失败者，于是他们产生了病态心理；而即便是胜利者，在追逐的过程中也要经受种种斗争、讨伐，也会产生某些病态心理。因此，男人们会成为病态的权力追求者，这并不令人奇怪。

种种迹象表明，猴还没进化成人的时候，就已经有权力意识了。仔细观察分析野生灵长类动物，再对比一下今日人类社会，你会发现竟有那么多的相似之处。每个猴群里（其他群居野生动物也一样）都由一位雄性首领统治，产生的方法很简单——暴力厮杀，胜利者将拥有这个族群里至高无上的权力，继而拥有了美食、美色。

当猴王尚有诸多好处，何况当“人皇”呢！因此，男人都有一种病态的权力欲，他们不仅希望控制自己，同时也希望控制他人。若非由他们发起或赞同的事情，他们都不希望发生。同样，他们也希望自己永远正确，而一旦被证明出了错，即使仅仅是在微不足道的细节上出了错，也会变得十分恼怒。他们必须比任何人知道得都多，这种态度有时候会令人尴尬。

很多男人，遇到自己不懂的问题总喜欢装懂，甚至凭空杜撰一个答案。其实，谁也不是百事通，对有的问题不懂是很正常的，也不会有损名誉，但男人们总是在权力欲的驱使下，做出一些很可笑的事情来。

一般来说，权力欲产生于意识到自身在力量上的优越，无论这力量是指身体的能力，还是指精神上的能力。此外，对权力的追求也可能与某些特定的原因有关，例如家庭、政治团体或职业团体、故乡或祖国、某种宗教思想或科学思想等。但是，男人对权力的病态追求从深层次的原因上说是来源于焦虑、仇恨和自卑感。

男人总希望一切符合自己的愿望，如果他人所做的事情不是恰好符合他的希望，或者不是恰好按他希望的方式，在他希望的时间去做，他就可能因此而恼怒。任何形式的迁延，任何不得已的等待，哪怕是对红绿灯的等待，都可能导致男人火冒三丈。

另外，男人对权力的病态追求还表现为绝不让步的态度。同意他人的意见或接受他人的建议——即使这些意见和建议被认为是正确的——也会被男人视为一种软弱，哪怕是想到要这样做，也会在男人心中引起一种逆反心理。这种态度最常见的表现方式，是男人们在心中暗暗坚持认为，应该是世界适应他而不是他适应世界。

由于病态的权力欲，男人大多有一种迫切需要吸引他人注意、受到他人尊敬和崇拜的愿望。他们会产生以美貌、以聪明才智、以某种出色的成就来打动他人的幻想；他们会毫不节制，挥金如土；他们会不惜一切地学会谈论最近流行的新书和最新上演的戏剧，会竭力认识一切显要人物。

在现实生活中，由于各种条件的制约，有些男人的权力欲表现得并不十分明显，但这并不表明他们内心深处没有这种欲望，一旦时机成熟，他们那种“唯我独尊”的臭脾气就会暴露无遗。由于他们是这样的专制独裁，因而任何不能完全被支配的事情，都会使他们感到自己处于奴隶般的地位。如果他们的愤怒受到压抑，这种压抑就会使他们产生抑郁感、沮丧感和疲劳感。然而，这种软弱无能的感觉很可能仅仅是一种迂回方式，以确保自己的支配地位，或表现自己因不能指挥他人而产生的敌意。

作为女人，了解了男人的权力欲之后，在与男人的日常交往中，以不损害自己的利益为前提，适当满足男人的这种欲求，就会促进你们之间的交往。当然，如果男朋友是一个权力欲强到近乎病态的男人，相信你再怎么配合他他也不会知足，所以在感情生活中最好远离这类男人。

懂得激发男人的狩猎欲

男人爱女人的过程是：爱—怕—烦—离开，女人爱男人的步骤是：无所谓—喜欢—爱—真情难收。当男人很爱女人时，女人可能还没有爱上男人；当女人逐渐地喜欢并爱上这个男人时，也许正是男人厌烦了女人准备开溜之际。这就是为什么那么多女孩爱得越深，越容易失恋。男人的爱是把天鹅逐渐变成癞蛤蟆的过程，而女人的爱则是把青蛙逐渐变成王子的过程。这样不对等的爱，受到伤害的当然是爱得无法自拔、把爱人当成整个世界的女人。所以聪明的女人一定要懂得，不能让男人轻易得到。

男人喜欢追逐的快感，习惯激烈的竞争。他们喜欢竞技，喜欢战斗，喜欢狩猎。他们喜欢锁定目标，然后想方设法去实现。男人沉湎于猫捉老鼠的游戏，这会让他们热血沸腾，兴奋不已。这是两性之间最基本的差异。女性通常追求一种稳定静止的情爱方式，男性则不然，他们喜欢变化运动的爱情游戏，追求新鲜的刺激是他们乐此不疲的最大动力。

美国影片《偷心》里有一个情节，女主角娜塔莉·波特曼问男主角裘德·洛，为什么会那么疯狂地爱着那个摄影师：“是因为她成功了吗？”裘德·洛回答：“不，是因为她不需要我。”由此可见，男人总是对得不到的女人心存幻想。你越高高在上，他就越顶礼膜拜；你越不冷不热，男人越知难而上。要想抓住男人，聪明的办法是若即若离，让他可望而不可即，最厉害的一招则是始终让他求之不得。

若即若离也好，求之不得也罢，其实就是在男人面前摆“迷魂阵”，保持一定的神秘感，不让他一下子看透你。

聪明女人从来不会让男人感到自己已完全被他驯服，她们擅长和男人玩猫捉老鼠的游戏。你得让男人觉得是他在追你，追逐新猎物的过程，会让他更加热情，内心充满刺激感。想想看，如果他不费吹灰之力地就能够约你吃晚餐，那你们的约会，就会跟路边发的赠品一样不值钱。别当一条轻易上钩的鱼儿！掌握这种若即若离的距离，男人通常会期待这个猎爱的过程，对你更加无法自拔。

对视觉动物的感官勾引

不少读者看过《男人来自火星，女人来自金星》一书后都感慨，要是早看到就好了。因为大多数人都不曾意识到，男人和女人是来自不同世界的动物，用本星球上的逻辑来对待外星人肯定是会出问题的。所以，男人和女人的纠葛从来就没有断过。

男人天生好色，他们对女人首先要求的是外表漂亮，学识和性格倒是其次。很多男人都会辩驳说：“错了，我要的是一个贤淑温柔的老婆，不是那种妖娆的女人，我最注重的是性格和脾气。”但在实际上，也许连他们自己也没有意识到自己最看重的是女人的外表。

大部分男人托别人找对象的时候，总是脱口而出：“长得怎么样？”

如果在第一眼就觉得对方不合眼缘，以后也就再也不会对这个女人提起兴趣了。男人在本质上是感官动物，更容易被欲望所驱使和支配，遇到来自异性的诱惑，他们往往难以自持，欲罢不能。他们无时无刻不在期待和渴望这样的诱惑。他们喜欢“狐狸精女人”，因为“狐狸精女人”能够给他们淑女妻子不能给予的诱惑和满足。

不可否认，并不是每个男人都要求妻子或女友长得美如天仙，他们也会考虑性格和脾气的因素。在男人心目中，一个外表90分、脾气70分的人，并不一定胜过一个外表70分、脾气90分的人。一般情况下，只要外表在合格以上，脾气就是决定性因素了。男人最忌娶一个“泼妇”，脾气坏到极点、自私到极点的女人，男人是敬而远之的。

需要注意的是，这些都是在外貌过关之后才考虑的问题。外貌，起码是男人们考虑的第一因素，只要长得好看，即使学历、工作、家庭环境等条件差一点儿，大部分男人还是会接受的。

从某种意义上说，男人属于视觉动物，女人则是听觉动物。男人感受世界多用眼，而女人习惯于用心聆听这个世界；男人看到的是客观的世界，充满物质的社会，而女人用心感受到的是一个充满情感色彩的世界。有这么一个故事，一个爱好标新立异的男人决定结婚，他有4个选择对象：平凡才女（才华横溢）；商界奇女（精于投资）；邻家乖女（擅长理财）；性感舞女（陪舞不陪睡的舞女）。那个眼光卓绝的男人说：要是四合一该多好。最后，他毫不犹豫地选择了性感舞女。

男人感兴趣的是女人，而女人注重的却是爱情。如果不明白两性这种本质上的区别，男女就很难沟通。为了测试男女反应上的差异，美国亚特兰大一所大学的教授对4名研究生进行测试，要求他们必须一直盯着屏幕上的色情图片看，然后测试他们的手指流汗程度。得出的结论完全是意料之中的，男性的反应明显大过于女性。该教授说：“我们发现，在脑部特定区域，男性的反应比女性更活跃。男性在两侧的腺体和中间的丘脑下部都比较活跃，而女性在同样的区域却没什么活动。”

另外，有研究表明，女人吸引男人最好的方式是欲遮还脱、欲拒还迎，这样才能激发起男人的好奇心和征服欲。女人真要在光天化日之下脱得一丝不挂，男人反倒胆战心惊，裹足不前了。好莱坞中真正享有“性感女神”称号的正是从未在银幕上袒胸露乳的玛丽莲·梦露。她最经典的性感镜头就是：一阵微风袭来，白色的裙子悄然翻飞，她身体前倾，双手遮掩。含羞的表情之中毫无低俗的色情、下流的挑逗，却吸引了全世界男人的眼光。因为梦露和打造她的好莱坞制作人太了解男人了：你越躲躲闪闪，他越是勇往直前，你越遮遮掩掩，他越想探个究竟；你主动脱个精光，他反而索然无味了。

这也许就是我们常说的“花要半开，酒要半醉”的意境吧，犹抱琵琶半遮面的“勾引”才是女人的最高境界。

第二章
剖开心理树洞，发现女性自己的秘密

女人的恋父情结

恋父情结，又称“爱烈屈拉情结”，最初源自古希腊神话。据传，爱烈屈拉是阿伽门农和克吕泰涅斯特拉的女儿。她的母亲克吕泰涅斯特拉有了外遇，担心丈夫发现后惩罚自己，便把他害死了。爱烈屈拉在父亲被杀后，把弟弟托付给父亲的好友抚养，等弟弟长大后，她同弟弟共同谋杀了母亲及其奸夫，为父亲报了仇。后来，奥地利心理学家弗洛伊德借用这个故事，说明女人的心理特征，认为女孩对父亲的深情专注，潜意识中有一种取代母亲位置的愿望。

心理学家研究发现，女人的恋父情结要比男人的恋母情结更为普遍，也严重得多。“父亲是女儿前世的情人”，也是针对女人的恋父情结说的。女孩在成长的过程中，始终无法与父亲实现心理分离，结果，与母亲的关系疏远不说，与同龄男人的正常交往乃至婚恋也常常会受到严重影响。因此，通常女孩总是在有意无意地寻找父亲式的恋人。她们认为，只有找到像自己的父亲那样理想的男人，才能得到真正的幸福。

正因为女人有这样的特性，所以从孩提时代开始，她们就喜欢缠在父亲身边，希望父亲宠爱自己，想让父亲抱自己……女人想从男人那里得到的，也是同样的感觉。

这样一来，对于恋爱的男人来说，最大的敌人就是女友的父亲。在父亲很关爱自己女儿的情况下，男人要想得到对方的真心，就必须具备和她父亲同样的爱心、智慧和勇气，甚至还要超过她的父亲。男人要是做不到这一点的话，女人就不会对他动心。

而如果一个女孩过早地失去了父爱，便常常会将对父亲的感情转移到现实中某个人物的身上，这个人物便会成为父亲的替代品，但他又不同于父亲。在父亲的光环效应下，“他”的形象往往更加高大，成为无可替代的“情圣”，供奉在女孩的记忆深处。因为“他”与特定的时期联系紧密，而那个时期对女孩来说刻骨铭心，所以无形之中，后来者便始终会让女孩觉得缺少共鸣。

当然，“情结”不等于“爱情”，但是懵懂的女孩分不清，所以青春期的特殊情感就变成了“沧海水”或者“巫山云”，令之后的感情黯然失色。因此，如果男人爱的一个女孩有这样的困惑，最好不要急于让她接受你，要慢慢感化她，使她最终“破茧而出”，解开这个恋父情结。

潜意识里的宠物心理

女人天生敏感、脆弱的特性，注定了她们具有很强的依赖心理。依赖，这个本应专属于孩子的词语，却经常用在女人的身上。

无论男人还是女人，小时候都具有依赖父母师长的心理，但随着身心的发展，男人一方面比以前拥有了更多的自由度，另一方面也担负起比以前更多的责任，因此男人逐渐摆脱了这种心理局限。说一个男人有“依赖心”，无疑是对他最大的讽刺。然而，女人的依赖心理往往会伴随她直到生命的终结。

心理学家认为，依赖心理主要表现为缺乏信心，放弃了对自己大脑的支配权，往往表现为没有主见，缺乏自信，总觉得自己能力不足，甘愿置于从属地位，遇事希望别人为自己做决定。

很多女人正是这样，她们小时候和男人一样依赖父母，长大后想依赖丈夫，年老后则依赖儿女。她们最怕心灵无所依托，一旦内心空虚，她们就会想尽各种办法来弥补。

我们都知道，有空闲的女人喜爱养宠物，但很少有人知道这是为什么。原因很简单，因为女人会因心理脆弱而常常感到孤单，有宠物相伴，精神就会有所寄托。

仔细观察一下你就会发现，在城市里饲养小动物的多为独身女性。女人养宠物，不仅仅是为了体验一种与动物之间的亲和关系，也是为了体验一种归属感，以及有所归属之后的富足感。

女人潜意识里的宠物心理其实是一种现实的生活态度：她们在潜意识里希望自己也像“宠物”一样被人宠爱，虽然现在是施爱者，但也同时享受着“被宠”的快乐。

在心理学上，女人的这种行为称为“代偿行为”。女人饲养各种小动物，在潜意识中有可能将其看作自己的丈夫或情人，给以百般的关爱，以求得心灵上的满足与寄托。

由此，我们也就不难理解，为什么女人总是迫不及待地走进婚姻的殿堂。在女人看来，即使经济独立，也会认为自己是不完整的，缺乏独立生存的心理，所以要找一个男人作为看护、情人乃至偶像，即一个对她们来说“意味着一切”的人。

而当女人丧失了相依为命的配偶之后，便会陷入无以名状的孤独之中。无论曾经与她相伴的男人是多么糟糕，都曾是她的整个世界，一旦失去这个世界，她就会陷入绝望之中，备受孤独无助的侵扰，于是内心紧闭，过着一种自怜自艾的生活。当一个女人没有真正感到有人在她的身边，她就不可能有自我安全感，就会迫不及待地去寻找某个人或某种关系，能够使她感到安全并能够填补她的空白。

也就是说，男人必须让妻子或女友产生一种依靠的感觉。如果男人不能满足女人的这种需求，即使已经结婚了，女人也会感觉到孤独、痛苦，从而陷入深深的失望之中。

克服依赖心理

许多女人都抱有一种学得好不如长得好，干得好不如嫁得好的观点。这不光是女人的悲哀，也是男人的悲哀。比如，杨贵妃嫁了个皇帝，应该是嫁得很好了，可惜自己不懂得珍惜，不懂得辅佐皇帝操持国政，天天只是想着如何取悦皇帝，完全没有了自我，最后还是被皇帝赏赐了一根白绫在荒郊野外结束自己短暂的一生，也给自己留下了祸水的骂名。

女人一定不能过度依赖男人，古有“痴情女子负心汉”，女子千百年来都是痴情的种子。《诗经·卫风·氓》中这样描写一段感情：

氓之蚩蚩，抱布贸丝。匪来贸丝，来即我谋。送子涉淇，至于顿丘。匪我愆期，子无良媒。将子无怒，秋以为期。

乘彼垝垣，以望复关。不见复关，泣涕涟涟。既见复关，载笑载言。尔卜尔筮，体无咎言。以尔车来，以我贿迁。

桑之未落，其叶沃若。于嗟鸠兮，无食桑葚！于嗟女兮，无与士耽！士之耽兮，犹可说也。女之耽兮，不可说也！

桑之落矣，其黄而陨。自我徂尔，三岁食贫。淇水汤汤，渐车帷裳。女也不爽，士贰其行。士也罔极，二三其德。

三岁为妇，靡室劳矣。夙兴夜寐，靡有朝矣。言既遂矣，至于暴矣。兄弟不知，咥其笑矣。静言思之，躬自悼矣。

及尔偕老，老使我怨。淇则有岸，隰则有泮。总角之宴，言笑晏晏。信誓旦旦，不思其反。反是不思，亦已焉哉！

在开始的时候爱情也是甜蜜的，但是越到后来，女主人公感慨：“士之耽兮，犹可说也。女之耽兮，不可说也！”曾经的那个人已经不复存在了，虽然女主人公说算了吧，但这也是无奈的怨叹。在这里，女人的角色是可怜又可悲的。

大多数女性都有很强的依赖心理，尤其是在男人面前，这种心理会变得更强烈。她们像一只弱小的动物，希望眼前这个男人可以保护自己，给自己依靠。其实，不管是爱情婚姻，还是工作办事，依赖导致的最终结果是失败。作为女人，独立才会有大发展，才能活出风采。女人们不能做藤而要做树，不要老想着依靠别人，要能够自立。唯有自立，你才能掌控命运的航程，主宰自己的人生。

网上流传着一句名言改编："女人一独立，上帝就发笑。"上帝为什么会发笑？是因为女人的独立吗？不是。女人有独立的权利，但多数女人在这一方面往往做得不彻底。美国女诗人沙拉·默顿说："属于男人的，是事业、尊严、权利和欢乐；而对于女人来说，只剩下了义务、家庭、美德，还有宁静地顺从的愉悦。"这样看来，很多人所谓的女性独立都是围绕着男性世界而言的，这样女人又怎能够独立？

真正的独立，可以理解为不断地完善自己，同时也不断促进自身的进步。它最终体现在现代女性在物质生活相对丰富之后，对精神自由的渴望和追求。独立不在于你有多大的财产，不在于你有多么相爱的男人。女人只有在摆脱了男人的限制后，才能真正地依靠自己。女人独立是精神的，是气质的，是绝对不依附于任何人，"绝不学攀援的凌霄花，绝不学痴情的鸟儿"。

每一个成功的女人，不管外表是美还是丑，也不管心智是聪明还是愚笨，都要凭着自己的心性去过自己想要的生活，而不要依附于某一个人，心情也不要随着别人的心情潮起潮落，要做一个独立的个体。经济独立、事业进步、感情理智，这样的女人永远自信快乐，这样的女人也是男人心甘情愿为之效劳、为之追逐一生的成功女性。

正确看待小女人心理

平常，我们在聊天中谈到女人的时候，总会时不时地冒出一个词——小女人，似乎女人生来就与这个"小"字挂钩。例如，与男人相比，女人总体上个子娇小、爱贪小便宜、爱使小性子，等等。当然，女人中也有“大”的，有一个词叫“大家闺秀”，说的就是这类女人。不过，纵观天下，还是小女人居多。

总的来说，“小女人”不是一个很好的称谓，基本上包含着目光短浅、以自我为中心、善于猜疑妒忌、爱占小便宜等意思。这样来看，小女人与那些现代意识强烈的女性相比，确实是有些落伍了，至少在思想观念、生活方式上是有些落伍的。

通常，小女人虽然衣食无忧，但仍达不到要风得风、要雨得雨的地步，所以在市场上买菜为砍价多费些口水，待人接物以自己的利益为中心，里里外外透露出一股小家子气。

小女人大都喜欢贪点儿小便宜，比如买东西，付完了钱，她们还是会再捞上一个放进自己的袋子里，如果蔬果摊的老板不同意，她们就会老大不高兴；如果被默许，她们甚至可能会乐上半天，干什么事情都心情愉悦，而这其中的差别可能仅仅是一个苹果或几根韭菜造成的。

那么，小女人是不是都这么招人烦呢？其实也不是。哲学不是强调两点论吗？小女人自然也有好的一面，她们对自己的生活非常在意，对属于自己的东西每天都会掰着手指头数个好几遍，所以任何东西丢失了，甚至她们自己生活范围内的任何东西发生些微变化，她们都会立刻发现，而且会立刻矫正，使自己的生活回复到原来的理想状态。

另外，小女人尤其在意家庭生活，会不顾一切地施展拳脚去维护自己家庭的利益，因为在她看来，她至少掌握了家庭生活的主动性，她至少在主宰这个家，或者说主导这个家慢慢走向她认为理想的生活状态。因此，对于一个相对懒散、粗心的男人来说，娶个小女人不失为一个明智的选择。

其实，小女人之所以成为小女人，主要是由于她们过于注意现实需求，从而表现出对非物质层面一直处于较低的理解能力上，而在具体行为上则表现得不高雅、不时尚、不大气，有点儿狭隘。

为什么女人容易忧郁

说女人忧郁，一定会让许多人大惑不解：你看大街上那些蹦来跳去的女孩子，哪有一点儿忧郁的样子？其实，忧郁与内向、外向无关，只与每个人对世界的感触有关。女人，由于天生缺乏安全感，虽然有时候看上去“没心没肺”的，什么也不担心，但她们的内心是非常焦虑的，尤其是在独处的时候。这也正说明了为什么女人总喜欢几个人聚在一起唧唧喳喳说个不停。

据心理专家统计，在抑郁症患者中，女性的比例要高于男性。事实上，女性患有抑郁症和情感冷漠等心理疾病的现象非常普遍，这已经成了她们生活中无法逃脱的烦心事。绝大多数成年女性，似乎都要经历这样一个阶段：忧郁、索然无趣、失望、挫折感、心情压抑、垂头丧气、没有精神、对外界环境漠然处之，而这正是“精神抑郁症”的明显特征。

当然，男人也会患抑郁症，但男人的精神抑郁是生活中出现的危机引起的，也就是说，男人感到压抑是因为具体的事情，如生意失利、事业不顺或身体不适。并且，男人的忧郁不会严重到茫然不知所措、不能适应特殊环境的程度，也很少像女人那样，在正常的情况下就莫名地产生一种不知所措的挫折感。

事实上，每个人在一定时期内都存在心理低潮期，就像一个不断波动的曲线一样，但许多女人情绪低潮期持续的时间比预计的长很多。她们的情绪并不处于一个高低变化的波动曲线上，而是每个月至少有2~3周的时间始终处于萎靡不振的状态。另外，还有许多女人长年累月在这种情绪中痛苦挣扎，没有丝毫缓解的迹象。

一般来说，女人的忧郁来自方方面面，既可以是工作方面的，也可以是家庭方面的，还可以是个人感情方面的。听听下面两个女人的聊天就知道了。

小山是一家外企的部门经理，薪水很高，而小水是一个有钱人的全职太太。按说，这两个女人是比较幸福的，让很多人羡慕，但事实上，她们常常互相诉苦。

小山说，她的老板是一个脾气很差的德国人，经常劈头盖脸地把她臭骂一顿，气得她直想大哭一场。这还不算，那些可恶的客户也经常把她气得七窍生烟。在工作中，她感到孤立无助，担心自己有一天会突然崩溃，精神失常。

小水却表示羡慕女友的本事，起码可以不依靠丈夫生存，自己却不然，花的每一个子儿都得向丈夫要，丈夫高兴的时候还好，一旦不高兴，一分钱不给不说，还埋怨她是个吃白饭的。

结果，小山说想找个人嫁了，好有个依靠；小水则说想找份工作，可以不再依靠男人生存。

显然，小山和小水都感到孤独、无助，一个想要通过嫁人找到安全感与依赖，一个想要自食其力以免离开了丈夫就生存不下去。

总之，女人的忧郁，既有外部环境的压力，也有其内在心理的因素，它的调适需要多方面的协调与配合。

虚荣心因何而来

关于虚荣，词典中的解释是：表面上的荣耀；虚假的荣誉。在心理学上，虚荣是自尊心过分的表现，是为了取得荣誉和引起普遍注意而表现出来的一种不正常的社会情感。每个人都有自尊心，当自尊受到损害或威胁或过分自尊时，就可能产生虚荣心，因而希望打扮得珠光宝气地招摇过市、哗众取宠等。

与男人相比，女人的虚荣心更甚，有人认为，虚荣是女人的第三性特征，靠攀比来满足自己的虚荣心也是女人惯用的一种社交手段。有人说得好，女人可以不吃很贵的饭菜，可以不穿很贵的衣服，但是一定不可以没有很贵的说辞；而女人吃很贵的饭菜，穿很贵的衣服，归根到底还是为了在那套很贵的说辞里满足自己强烈的虚荣心。

女人贪慕虚荣，却也为虚荣付出了代价。法国作家莫泊桑所写的小说《项链》，讲的是罗瓦尔太太由于虚荣，从朋友那里借来一条项链去参加一个宴会，但没想到宴会结束之后项链丢了。同样是在虚荣心的驱使下，她没有把这件事情告诉朋友，而是借钱买了一条同样的项链还了回去。为此，她付出了10年的辛劳。然而，更让她难以承受的是，原来她朋友借给她的那条项链是假的，根本就不值什么钱。

这个故事告诉我们，虚荣就像女人穿在身上的一件华美外衣，她们想表现出它的荣耀，没想到这种表现的欲望却成了一个美丽的陷阱。然而，有很多女人明明知道是陷阱，仍然奋不顾身地跳下去，这不能不说是一种悲哀。

女人虚荣的表现是多方面的：对自己的能力、水平过高估计；处处炫耀自己的特长和成绩；喜欢听表扬，对批评恨之入骨；常在外人面前夸耀自己有点儿权势的亲友；不懂装懂，打肿脸充胖子，班门弄斧；处处争强好胜，觉得处处比人强，自命不凡；把生活中的失误归咎于他人，从不找自身的原因；有了缺点，寻找各种借口极力掩饰；对别人比自己强的地方妒火中烧，说长道短、搬弄是非，等等。

事实上，女人还喜欢把虚荣建立在男人捧场的基础之上，她们把男人的顶礼膜拜作为虚荣的资本，四处炫耀。她们找好老公的标准不仅仅是自己受用，而且也要让外人看着有面子，男人是她们最大的谈资。婚前女人的圈子是闺密圈，比的是哪个女人更出色；婚后女人成立的主妇圈，比的是哪个女人的男人更出色。若是哪个女人比输了，回到家里难免会找男友或老公出气。

那些“虚”得过火的女人，将伴随“虚荣”二字度过一生。例如，到处吹嘘自己的容貌、才能；对于未来的丈夫，宁可放弃爱情，也要以“体面”作为选择的标准，以便结婚后可以到处吹嘘老公的地位；生了孩子以后，不管孩子喜不喜欢，都要他学钢琴……

这样的女人将一生承受虚荣带给她的痛苦，她们虽然表面上打肿脸充胖子，内心却很空虚，并且表面的虚荣与内心深处的空虚总是不断地斗争着：一方面在没有达到目的之前，为自己不尽如人意的现状所折磨；另一方面即使达到目的之后，也唯恐真相败露而恐惧。因此，她们的心灵总是痛苦的，她们的生活没有幸福可言。

嫉妒，一味深度的心理毒药

所谓的“七宗罪”中，“嫉妒”便是其一。

那么，何谓嫉妒呢？心理学家认为，嫉妒是由于别人胜过自己而引起的一种情绪的负性体验，是心胸狭窄的共同心理。

女人的嫉妒与她们的虚荣是有很大关系的，正是因为极度虚荣，当看到自己与别人相比处于劣势时，在强烈自尊心的驱使下，就会产生嫉妒的情绪。

另外，心理学家还认为，女人的嫉妒不是天生的，而是后天获得的。总体来说，它可以分为三个心理阶段：羡慕—嫉忧—嫉恨。这三个阶段都有嫉妒的成分，而且是从少到多：羡慕阶段，嫉妒成分很少；嫉忧阶段，嫉妒的成分增多，已经到了担心别人威胁自己的地步了；嫉恨阶段，则是嫉妒之火熊熊燃烧到了难以消除的地步，这时候的女人最容易走极端而做出损人不利已的事情。

某大学曾经发生过一个悲剧：一名生物系即将毕业的女研究生，用水果刀将自己的导师刺伤，随即举刀自尽。这位女生自小就有自卑心理，虽然在升学的道路上，她成绩优异、一帆风顺，但她孤僻而爱嫉妒的性格始终没有改变。在就读研究生时，她的刻苦精神深得导师器重，但导师更喜欢另一位男生灵活而幽默的性格。于是女生妒火中烧，数次在导师面前中伤那位男生。导师明察之后，发现多数事情纯属子虚乌有，便委婉地批评了女生。由此，该女生怒不可遏，做出伤师杀己的事。

由此可见，女人嫉妒起来，真是会不顾一切，甚至全然忘记了自己的存在，做出丧失理智的行为。其实，嫉妒心理是很常见的，只是有些时候没有故事中的女生那么激烈。让人防不胜防的是，女人的嫉妒属于非理性的情感范畴，没有任何规律可循。对一个女人的嫉妒，你会觉得不可思议，你心里会说：这有什么大不了的，区区小事也值得嫉妒？可她就是嫉妒了，而且嫉妒得不可抑制。这种女人发作的时候，便是一种发散性的情绪化的发作。

可以说，嫉妒在女人身上，就好像一种永远也戒不了的毒瘾，会使她产生一种莫名其妙的精神依赖。嫉妒还会发生膨胀，当膨胀到了嫉恨的地步时，女人就会变得十分可怕。因此，对处在嫉妒中的女人，最好躲得远远的，耐心地等她呼啦啦地将那一阵狂风暴雨刮过去。否则，她那嫉妒就像是火山喷发，非把你眉毛胡子烧得干干净净。

不过，一般来说，女人的嫉妒主要还是针对女人的。因此，有人说："女人的天敌还是女人。"男人如果棋逢对手，往往是英雄惜英雄；而聪慧美丽的女人遇到美丽聪慧的女人，往往是暗中较量。

尽管女人们表面上说着亲如姐妹的言语，但她们都能感受到自己的嫉妒本能和对方的虚伪之情。通常，两个女人在一起，会因虚荣而在举手投足间攀比；而有男人在场的情景下，又会因嫉妒的潜意识而争先恐后地施展魅力。

完全不嫉妒别人的女人在现实中只占少数。不嫉妒其他女人的女人，在看上去柔弱的外表背后，有着一种坚韧而不可动摇的自信心，而这种自信心对于很多女人来说却是空白。

总之，嫉妒对于女人犹如慢性绝症，不会让女人暴死，却如钝刀割肉般，时时咬噬女人的心灵——吞噬掉她的美好，她的柔情，她的优雅，直至她的理智！如果你发现自己是一个爱嫉妒的女人，那么一定要告诫自己，嫉妒是一把危险的火苗，一阵微风就可能引起火势的扩大，烧伤别人不说，还会伤害到自己，一定要调整心态，彻底地与嫉妒心理告别。

让内心的感性与理性完美交融

生活中的女性往往不是太感性就是太理性。太感性的女人容易感情用事，不该爱的男人你越阻止她越爱得起劲，其结果烈火焚心、痛不欲生；又或者想到什么就立马着手，大张旗鼓、盲目冲动，到最后，满腔热血付诸东流，梦想和现实南辕北辙。对于太过理性、淡漠如寒冰的女人来说，别人的生老病死不关她的事，别人的爱恨离别根本不入她的眼，你若说她冷血，她振振有词地说："生老病死本是人之常情，何必为此悲悲戚戚！"看到这副得道高僧、不解人间真情的模样，相信所有人都会心灰意冷、不寒而栗。太过感性或太过理性，都会对女人造成伤害，因此要学会令二者完美融合。做一个让理性和感性完美结合的女人，一定能把握住属于自己的那份幸福。

林徽因是一个美丽而又智慧的女人，她不仅具有诗人的浪漫与灵性，也拥有建筑家的理智和严谨务实，理性的才思和激情的潜流在她心底合二为一。同时，在感情上林徽因也能够在理性与感性间拿捏分寸，游刃有余。

林徽因在少女时代与徐志摩有过一段情谊。徐志摩的爱是奔放的、热情的，他用诗人的激情向她献上爱慕，轰轰烈烈，如瀑布瞬间倾泻而下。相信当满腹才华的徐志摩走向她，为她献上动人的诗句的时候，任何一个少女都会有一种眩晕的感觉，林徽因当然也不例外。

然而林徽因最终并未选择徐志摩，而是嫁给了梁思成。林徽因与梁思成不仅有感情的基础，同时又有兴趣和专业上的共鸣，他们是志同道合、情投意合的理想伴侣。梁思成的爱不似徐志摩般热烈狂放，而如涓涓细流，缓慢却悠长。瀑布的豪放和激情在它落下的时刻归于平静，宁静的湖水、涓涓流淌的溪流却永久地在那里凝视。林徽因感性浪漫的细胞里还活跃着理性的成分，她选择了宁静致远的梁思成，而把年轻的激情留在了年轻的时光。她的一生没有因为爱情而沉沉浮浮，大起大落，选择梁思成也成就了她事业辉煌的一生。

理性与感性的光芒在林徽因身上交相辉映着，作为建筑师，她有着通常理科头脑不具备的感情激流，懂得风情，才思敏捷空灵，情感丰富深邃；作为诗人，她又不似一般女作家那样情感泛滥，她头脑冷静，遇事懂得权衡利弊，因此她的情感历程不像同时代的许多女作家那样命途多舛。

林徽因是超脱的，她的理性帮她摆脱了女性千百年来的视野局限，她能够放眼世界，用聪慧的头脑吸纳人类文明的种种精华，与人高谈阔论，论道人生；作为聪明绝顶的女性，她又不似通常意义上的“女强人”那样，自命不凡、板着面孔说教，给人一副铁石心肠的感觉。林徽因虽然杰出，但她不失温婉，没有咄咄逼人的气势，她对人是体贴、理解和尊重的。这方面用感性色彩十足的“善解人意”一词来形容她再合适不过。

女人既要感性也要理性，感性与理性完美交融才是成熟的女人，才是饱满圆融、生动真实的女人。行走人生，要做就做让感性与理性完美交融的女人。

女人也有处女情结

中西方女性的性观念有着很大的不同。相对于西方女性的开放，东方女性往往有强烈的处女情结，把自己的第一次看得很正式，也很重要，都希望把第一次交给可以一辈子相拥的人。这代表着东方女人对感情、对性以及对另一半的重视和尊重。但是，这种特质在历史上也促成了男性对女性的不公平占有和过分的处女情结，甚至延续至今。

通常，我们都认为只有男人才会有处女情结，并且对这些男人在如此开化的社会里还有这种“封建意识”大加批判。可谁想到，女人居然也有处女情结，甚至比男人们更严重。

在大多数女人眼里，自己的第一次是种神圣的付出。比如，当一对热恋的男女发生关系后，女人差不多都会这样说：“我的第一次给了你，我的一生就交给你了，你要对我负责任！”女人总是把第一次作为自己无价的付出，因而一旦与这个男人分手，她就会后悔将自己的第一次给他。许多女人为此还会对自己的第二次、第三次变得无所谓。同样，当一个非处女的女人同爱人结婚后，她的内心也往往充满愧疚，后悔自己没有把第一次留给丈夫。

女人珍视自己的第一次，因为那是记忆中最深刻的。也难怪男人会以此作为一种情结，因为拥有女人的第一次，也就拥有了女人最深的记忆。

对于处女问题，每个女人都有着自己的看法。

有些女人说：“爱的最高境界应该用性来表达。”她们认为，处女问题并没有那么重要，因为这是女人自己的事情，只要自己对自己的行为负责，任何人都没有权利指责她。

与上面的观点相反，有一些女人则认为，哪怕再爱那个人，婚前也绝对不应该发生性行为。这样，即使那个男人与自己分手了，也不会觉得后悔。在这些人看来，处女是婚姻长久的一种保障，如果婚前失贞就会给婚姻抹上阴影。

还有一些女人认为，如果一个女人在20多岁时还是个处女的话，会感到很难为情，因为这表示爱她的人少，或者是她自己有点儿不正常，因为享受性爱也是女人的权利。而且如果婚前没有性的体验，婚后可能因为缺乏性经验而出现种种意料不到的问题。

另外，还有一种观点，认为是不是应该把自己的第一次留给丈夫也要视情况而定。因为人很少能够一次恋爱成功，一生也不可能只爱一个人。所以，没有必要压抑自己，剥夺自己享受性爱的权利。

关于处女的话题已经讨论了数千年，现在人们仍然在兴致勃勃地讨论它，这不能不说是一种悲哀。作为一个男人，应该理解女人，不要以女人是否是处女来作为判断她好坏的标准。在爱情里，理解是解决问题最有效的方法。如果你是真爱那个独立、美丽而善良的女人，就应该尊重她的选择和付出。而女人永远散发的光彩，永远自强和自尊，这才是你最坚实的支撑。

直觉：女人内心的洞察力

直觉，有的人称之为第六感觉，有的人称之为灵感或预感，每个人都对它非常的熟悉，都体验过这种感觉。但是由于这种感觉比较玄，并且飘忽不定，所以容易被忽视。而一些悲剧的发生就在于我们的忽视。

有一个女人曾谈到，她有一天晚上做梦，梦到自己的女儿向自己哭着呼救。第二天，她总是难以安神，于是坐火车去看望远在外地读大学的女儿。去了以后才知道，就在她做梦那天，学校锅炉爆炸，正在洗澡的女儿不幸遇难。

还有一个事例：

一位女士在一家享有盛名的公司里任职，当时人们都看好这家公司，但这位女士有一天突然对人说，3个月后，这家公司会倒闭。当时无人相信，但3个月后，她的预言变成了现实。她说出这个预言，并非事先得到了什么小道消息，或是进行了深入的分析，而仅仅是突然产生的一种感觉。

在危险来临的时候，我们可能会意识到某种境况已经发生了变化，却不能确认是哪里出现了差异，或者这个细微的变化预示着什么。也许这时候身体会本能地向我们发出信号，如莫名的恐惧、肚子不舒服、起鸡皮疙瘩、心跳加快、胸口发冷、恶心、手心出汗等。这是一种难以解释的预警系统。

遗憾的是，我们通常不会留意身体发出的信号。而直觉这东西又转瞬即逝，往往在意象还未形成的时候，内心深处发出的各种声音就会将之淹没。其中有怀疑的声音，恐惧的声音，陈旧观念的声音，等等。奇怪的是，我们往往会怀疑、抑制，甚至反对我们的直觉，无法捕捉到那个预警信号。

最糟糕的一点是，当我们不相信直觉的时候，它就会很快地从我们的脑海中消失。等回想起来的时候，我们才追悔莫及。

心理学家认为，大脑不会无缘无故地产生直觉预警，它一定和我们的切身利益息息相关。直觉是一个很微妙的东西，虽然现在科学界对它并没有确切的解释，但是它有时候真的准得令人目瞪口呆。有人说，世界上没有一种动物比女人更相信自己的直觉，她们常常能发现被隐藏的事物，或敏锐地感受到事物的真相。就像西班牙王后伊萨贝拉，在无人看好的情况下支持哥伦布寻找新大陆，甚至愿意拿出部分私人财产供他建立船队，有很大可能是直觉指引她做出这个决定，这远比许多见识广博的男人要明智得多。

早在原始社会，男人出去狩猎的时候，女人因为要在洞里照顾老人和小孩，时刻警惕野兽的袭击，所以渐渐培养出了感应各种危险的第六感觉，并通过基因一代代地遗传下来，这可以解释女人的直觉为什么有其可靠性。相信直觉，特别是带有不安情绪的直觉是非常有必要的。有的时候，哪怕心里犹豫着是否是错觉的时候，也要宁可信其有，不可信其无。

解读女人的怕丑心理

将美丽进行到底是每个女人的毕生追求，因此，如果想让一个女人承认自己“丑”，那是一件非常难的事，她会用各种努力来使自己变得美丽。正因为如此，如果你恭维一个女人外貌靓丽，即使你是在调侃、讽刺她，女人大多仍会将其当作你对她的肯定。

反之，如果一个女人被人评论为相貌丑陋，那会比骂她、打她更令其难受。据说，英国的约克公爵夫人弗吉，在看到一本杂志将自己比作一个粗俗的打杂女工时，深感震惊，并为此痛哭不已。由此可见，女人对于自己美丽与否是多么的重视。可以说，女人在意自己的美丽就如同在意自己的健康与生命一样。

由于女人那么在意“美”，导致生活中许多女人都有怕丑的心理。我们经常看到，在大街上美女可以昂首阔步，因为她们那傲人的身材和天使般的面容是炫耀的资本；而丑女们则通常把头埋得很低、很低，并且尽量躲避人多的地方。

丑女都会有很强烈的自卑心理，有时候她们甚至会因为自己的丑而产生一种罪恶感。所以，为了能让自己在众人面前直着腰走路，各大医院的整容科便成了她们经常光顾的地方。为了摆脱丑，她们甘愿让自己的皮肉经受一次次的刀割、针缝。

心理学家认为，女人的这种怕丑心理，是对自我真正价值的错误判断，因为它将女性的价值依附在外表上。但这也是社会过分强调女人的外表美所致，是男权社会强加给女人的一种价值标准。女人为了适应社会，只能将社会的价值标准内化为自我的价值标准。简单地说，就是这个社会给予丑女的空间非常有限，从择业到嫁人，丑女总是被放在次要位置。

另外，女人怕丑心理的产生，还与其幼年的成长经历有关。女人小时候都不乏家长的赞许，比如“聪明”“听话”“漂亮”等。随着一天天长大，其自我意识开始萌发，有的女人会逐渐发现自己得到的鼓励少，而其他女人得到的表扬多，于是便产生了心理落差。在她们的内心深处，非常想与传统价值标准靠拢，想获得夸赞，被人们喜爱。

还有一些女人其实本身并不丑，却将自身核心价值定位在外表上，从而赋予了外表许多不应承载的东西，如社会地位、身份、个人前途等，因此就格外担心自己的外表，有的还会因此否定自己其他方面的优势，严重的还会导致不愿与人接触，性格会变得孤僻少言。与其这样，女人不如主动修炼自己的美丽，通过化妆等方法让自己更加自信，同时更应该充实自己的内心，让自己拥有一颗美丽的心灵。

第三章
张弛有度，成就内心强大的自己

把强势留在心里，而不是写在脸上

外表强悍，内心柔弱易伤，这也许就是当今很多女强人的真实写照吧。她们的身上闪烁着强悍的光辉，可是，光芒背后隐藏着最彻底的崩溃和绝望，有人调侃那是“绝对崩”“大雪崩”“全然崩”和“彻底崩”。

在沙漠中有这样一种植物，不管什么东西碰到它，它都会失去生命。它就是仙人掌。天神知道之后，十分怜惜它，就让它的全身布满了刺，避免它受到更大的伤害。

几百年之后，一位勇敢的男人来到到了沙漠里，看到浑身都是刺的仙人掌就有些莫名地恼火。他看着人人都避之不及的仙人掌说：“人人都怕你，我倒要看看你到底有多恶劣！”他挥刀朝仙人掌砍了下去，仙人掌立即被砍成了两半。眼前的一幕令男人惊呆了：人人害怕的仙人掌竟是如此不堪一击！更令人震撼的是，外表坚硬的仙人掌里面竟是一些绿色的眼泪！

许多女强人和这仙人掌一样，内心的苦涩无人能知，为了让自己在这个“她”字横行的职场中显山露水，她们拼命工作，把自己定位成“女强人”。这种女人一望即知，她们身上散发出一种特立独行的气质，周围似乎有着强大的气场，然而同时也有着一股被强烈压抑的崩溃烈焰。这不是一个女人可以躲在男人怀里小鸟依人的时代，很多女人都被迫在这个竞争激烈的社会里同男人一样火拼，不知疲倦地加班加点。她们被迫用强悍的坚强来包裹内心的柔弱，因为办公室不相信眼泪。

华丽的外表紧闭着郁闷的心扉，白日里她们被知性与理念所制约，被工作的高压所摧残，在金戈铁马般的物质洪流中，有着跟男人一拼高下的气势；只有到了夜上华灯，她们才拖着疲惫的身影，恢复小女人的柔态在晚风中徐徐归家。

可是这样的疲惫你又能撑多久呢？强悍的姿态也许只是为了掩饰内心的脆弱，强制的隐忍只是为了阻挡随时都可能面临崩溃的情绪。据调查，高压环境使很多白领的内心时刻面临着崩溃的危险，而压力及其引起的强烈情绪波动，已成为中国都市精英白领心理疾病的最大祸根。同时，由于电脑辐射、超时工作、室外运动减少等方面的原因，白领女性的身体也更加容易走向崩溃。

一位网名叫“鼠尾草”的时尚杂志女编辑，曾经在博客上带着网友一起游走于葡萄美酒夜光杯的世界，看尽人间的繁花似锦。然而，在事业最绚烂的时候，她因为无休止的忙碌和过度的劳累离开了这个她无比眷恋的世界。

鼠尾草，原本是迎风摇曳于地中海的一种香草。柔弱的鼠尾草，恰恰可以代表中国社会透支生命的一代——在急速发展的社会里，耗尽生命的火焰，在疾病的打击下，粉碎了浮华的幻象。

名为“鼠尾草”的女编辑在她的《普罗旺斯写真集》里写道：“我在时间的尽头做了一个快乐的盗贼，但是没有偷走普罗旺斯的一束阳光，却把我的心留在了普罗旺斯明亮、空旷、晴朗、开阔的天空中。”

如今的年轻女孩们正在承受着上一辈不曾承受的巨大压力，尤其是现在激烈的竞争环境使得很多女孩不敢也不能休息。直到死神突然来临的时候，女人才开始反思自己的生活：“面对可能相遇的死神，我开始重新思考自己的生活方式，那些被人羡慕的生活有太多虚妄的假象，让我不能去面对自己心灵的真实……我们太多地去追求那些违背自然规则的事情，以为自己生存的空间没有禁区，其实正在慢慢积累疾病的因素。”

身在职场的你，是不是也该重新反思一下生命的意义，在忙碌的工作中给自己一个缓冲地带？

不做女强人，要做强女人

很多女孩都想成为人群里最受欢迎的女人，一直想努力成为一个女强人。其实，这样的想法是错误的。真正受人欢迎的女人，不一定是女强人，但一定是个强女人。

女强人有铁人一般的工作作风，有令男人胆寒的处事手腕，有巾帼不让须眉的胆识和谋略；强女人则有明确的生活态度，有坚贞不屈的精神，有遇到困难不服输的品质。一个受欢迎的女人，不一定非要有傲然的成就，但是一定要有坚强不屈的精神，有面对生活勇敢向前的态度。女强人希望全世界以她为荣，强女人自强却不争强，她所做的，尽管也可能会取得一番成绩，但是她的行为并不是为了荣耀，而是为了证明自己。

有个女孩从小就“与众不同”，因为小儿麻痹症，不要说像其他孩子那样欢快地跳跃奔跑，就连平常走路她都做不到。寸步难行的她非常悲观和忧郁，当医生教她做一点儿运动，说这可能对她恢复健康有益时，她就像没有听到一般。随着年龄的增长，她的忧郁和自卑感越来越重，甚至拒绝所有人的靠近。但也有个例外，邻居家那个只有一只胳膊的老人成了她的好伙伴。老人是在一场战争中失去一只胳膊的，他非常乐观，女孩非常喜欢听他讲故事。

这天，女孩被老人用轮椅推着去附近的一所幼儿园，操场上孩子们动听的歌声吸引了他们。一首歌唱完，老人说道：“我们为他们鼓掌吧！”她吃惊地看着老人，问道：“我的胳膊动不了，你只有一只胳膊，怎么鼓掌啊？”老人对她笑了笑，解开衬衣扣子，露出胸膛，用手掌拍起了胸膛……

那是一个初春，风中还有几分寒意，女孩却突然感觉自己的身体里涌动起一股暖流。老人对她笑了笑，说：“只要努力，一个巴掌一样可以拍响。你一样能站起来的！”

那天晚上，她让父亲写了一张纸条，贴到了墙上，上面是这样的一行字："一个巴掌也能拍响。"从那之后，她开始配合医生做运动。无论多么艰难和痛苦，她都咬牙坚持着。有一点儿进步了，她又以更大的受苦姿态，来求得更大的进步。甚至在父母不在时，她自己扔开支架，试着走路。蜕变的痛苦牵扯筋骨，但她坚持着，她相信自己最终能够像其他孩子一样行走，奔跑。她要行走，她要奔跑……

11岁时，她终于扔掉支架，但又开始向另一个更高的目标努力，开始锻炼打篮球和参加田径运动。

1960年罗马奥运会女子100米短跑决赛，当她以11秒18第一个撞线后，掌声雷动，人们都站起来为她喝彩，齐声欢呼着这个美国黑人的名字：威尔玛·鲁道夫。那一届奥运会上，威尔玛·鲁道夫成为当时世界上跑得最快的女人，共摘取了3枚金牌，也是第一个黑人奥运女子百米冠军。

从乐观的老人那里，威尔玛·鲁道夫得到了顽强拼搏的启示。她的成功给她的生命增添了荣耀，也许，她的这份荣耀与那些事业有成的女强人相比，还不够耀眼，但是，作为一个认真生活的强女人，威尔玛·鲁道夫足以成为每一个聪明女孩的学习楷模。因为她用自己的经历提醒每一个女孩：只有坚强的人，才能克服生活中的一切困难；只有认真生活的人，才能不被生活中的磨难所吓倒。

与女强人相比，强女人的光彩是暗淡的。可女强人不是谁都能成为的，而强女人，却是人人能够实现的。只要我们有一颗足够坚强的心，那么做一个强女人，并不是什么困难的事。

用柔弱的外表扮演强者的角色

在大学的一堂课上，女老师提出女人是强者的论点。男生们听后嗤之以鼻，甚至还有不怀好意的男生出了一个问题刁难女老师：假如有三个男人和一个女人在一个渺无人烟的岛屿，而且是人类还没有发现的一个海中岛屿。

这种情况下谁能够成为强者？

女老师微微一笑，而后侃侃而谈道：“开始时男人就像恶狠狠的狼，女人是任其宰割的羊羔，但这种情况持续不了多久。不久女人变成了雄霸天下的老虎，男人不过是任其宰割的羊羔。道理很简单，男人为了争夺唯一而彼此决斗，一个被杀一个残废，获胜方变成了温顺的羊羔。”

男生们集体嘘声。

“不要认为我在胡说，有胆量的可以去做个实验，疯狂地爱上同学的女朋友，就会得到验证！”

“万岁！”女生们高呼。

这时又有一个男生站起来问道：“可是，在岛上的若是三个女人一个男人呢？”

“那样的话，女生自始至终是猛虎。她们不会为争夺羊羔彼此展开决斗，而是努力去吞噬更多的羊肉，分到更多的羊汤。”

“何以见得？”

“等哪位爱上有妇之夫，这条真理便会得到验证。所以说，女人始终比男人聪明，是强者！”

这个小故事让人会心一笑，但从这个故事中，我们也得到了这样一个结论：女人不是弱者。

人们常说“女人是水做的”，的确，女人不像男人那样拥有强健的体魄和刚强的性格，在社会中往往处于被保护者的地位。但这并不代表女人就是弱者，女人虽然柔弱，却有着男人无法比拟的韧性，以柔克刚是女人最强的武器。

女人，其实是在用柔弱的外表扮演着坚强的角色。姣好的容貌，并不影响处事的果断；优雅的气质，也可以做出正确的决策。女性魅力与职业能力，并非水火不容。事实上，许多职业女性“一半是水，一半是火”，既不乏温柔、细腻和亲和力，又精明、果断和能干。她们以女性特有的气质、风采，在职场长袖善舞，赢得了事业的成功。

女人的强，不像男人那样直接表现出来，往往是在不知不觉中渗透。女人如水，水虽柔，却能“滴水穿石”。同时，女人并非只是扮演弱者的角色，有时候她的坚韧是男人比不上的。不要把女人当成天生的弱者，女人也不应该成为弱者。

女人是那可以穿越山峰、奔流到海的水，“弱者”这个词并不适合女人。对于女人来说，开创事业虽然艰难，却并非不可能。女人的很多优势是男人无法匹敌的。

首先，作为女人，她们心细如发，且做事有条理和耐心。这种特有的个性，就是女性就业的优势。

其次，女性有一双非常灵巧的手。做手工活，便是女性的强项。如今，有的女性已开始注重开发自己的双手，在家中办起了“手工小作坊”。一些还在寻寻觅觅的就业女性，不妨在这方面多开思路，千万不要以为手工活是“小气之作”。

最后，女性的心很柔。这种柔情使女性能在精神抚慰方面发挥特有才干，获得意想不到的良好效果。现如今社会上出现了一种三百六十行以外的职业——“精神保姆”，这便是最能发挥女性柔情性格的新行当。比如，陪老人读报、谈心，为瘫痪在床的病人、失意的人送上精神和心灵疏导，代他人送去一份歉意等情感专递工作等。如果女性能充分意识到这一点，再用心学些心理学方面的知识，积极投入这种目前还没有多少人涉足的“精神保姆”业，相信必有一番大作为。

女人无须像男人一样成为一个强人，拥有无可匹敌的魄力和强硬的手腕，女人男性化，其实是在浪费优势，效果也不会太好。只需用女人的方法在世界上占有一席之地即可，但前提是自主，千万不要去依附男人，要开创一份属于自己的事业，自己去创造未来。在这个世界上是为了自己活着，女人有成为强者的资本！

强势过了头，铁柱也会被风吹倒

女人的美丽离不开智慧的浇灌和坚强的姿态，但美丽的女人不是聪明过人、强势过头的女人。当你仗着自己的聪明在人前逞强好胜时，没有人会喜欢你。

这一点，《红楼梦》中的王熙凤给了我们一个深刻的教训。

王熙凤，贾琏之妻，她聪明能干，深得贾母和王夫人的信任，成为贾府的实际大管家。书中是这样描写她的外貌的：“彩绣辉煌，恍若神妃仙子：头上戴着金丝八宝攒珠髻，绾着朝阳五凤挂珠钗，项上戴着赤金盘螭璎珞圈，裙边系着豆绿宫绦，双衡比目玫瑰佩，身上穿着镂金百蝶穿花大红洋缎窄褙袄，外罩五彩刻丝石青银鼠褂，下着翡翠撒花洋绉裙。一双丹凤三角眼，两弯柳叶吊梢眉，身量苗条，体格风骚，粉面含春威不露，丹唇未起笑先闻。”可见王熙凤是个美貌与智慧并重的难得的女子，可就是这样一位不可多得的女人，到头来却众叛亲离，凄凉而死。而就是因为她的过度聪明，凡事太过算计钻营，才落得个“机关算尽太聪明，反算了卿卿性命”的下场。

生活中我们常会遇到一些聪明过头的女人，她们人前一套背后一套，欺上瞒下，圆滑老练，一到了危急关头就过河拆桥，反咬一口，或者事事斤斤计较，你的我的都要划分得一清二楚，稍微吃点儿亏都不行。这样的女人自认为聪明和强势，也乐于让人感受到她的聪明和强势，甚至别人未觉察时还要刻意“凶狠”地强调她的“霸气”和“威严”。别人早把她视为重点防御和还击的“恐怖”对象了，而她还在自我陶醉，雄心勃勃地编织自己称霸世界的美梦呢！

下面，我们来具体欣赏一下王熙凤这类女子的高超演技：

1. 善于逢迎，长于机变

林黛玉进贾府，王熙凤姗姗来迟。“一语未了，只听后院中有人笑道：我来迟了，不曾迎接远客！”未见其人，先闻其声，王熙凤精心策划的出场，使得自己的亮相引人注目，不同凡响。

王熙凤见到黛玉，先是“携着黛玉的手，细细打量了一番”，待到送黛玉至贾母身边坐下，王熙凤便笑道：“天下真有这样标致的人物，我今儿才算见了！况且这通身的气派，竟不像老祖宗的外孙女儿，竟是个嫡亲的孙女，怨不得老祖宗天天口头心头一时不忘。”“真有”表明黛玉的美丽出乎熙凤意料，“才”字刻意强调她本人相见恨晚的心情。王熙凤不遗余力地恭维黛玉，目的当然是为了讨贾母的欢心。“竟不像外孙女儿，竟是个嫡亲的孙女”这两句在夸赞了黛玉的同时，也没有忘记讨好三个小姑子，她知道黛玉再好到底是外人，“三春”毕竟是家里人，其中的亲疏远近她心里是一清二楚的。

“只可怜我这妹妹这样命苦，怎么姑妈偏就去世了！”王熙凤话锋一转，哀叹黛玉命苦，痛惜姑妈去世，流下了“同情”的眼泪。她料到黛玉之母去世，贾母必然悲痛万分，可出乎意料的是贾母此刻很坚强。王熙凤拍马屁拍在马腿上，这是她始料未及的，于是她“忙转悲为喜”道：“正是呢！我一见了妹妹，一心都在她身上了，又是喜欢，又是伤心，竟忘了老祖宗。该打，该打！”王熙凤真可谓见风使舵的一流高手。

2. 尊卑贵贱，区别对待

邢夫人虽是凤姐的婆婆，但由于她的出身并不怎么高贵，凤姐对她也只是面子上过得去，采取了彼此相安的态度。对待贾政的妾赵姨娘和儿子贾环是任意欺凌，经常教训、申斥，与对待宝玉关怀备至的态度完全不同。她看出贾母王夫人偏爱宝钗，就加倍铺张地为宝钗过生日；看出王夫人选定了袭人为宝玉的候补侍妾，就从各方面去优待袭人。从农村来告帮的刘姥姥忽然为贾母所欣赏，她立刻发觉了这是老太太最妙的消遣品，就把这乡下老太婆当作“宝贝”看待了。

3. 见钱眼开，唯利是图

王熙凤极度贪婪。“弄权铁槛寺”，她很直接地对老尼说：“你是素日知道我的，从来不信什么阴司地狱报应，凭是什么事，我说要行就行。你叫他拿三千两银子来，我就替他出这口气。”为了这三千两银子，她派人连夜奔走，以势强使守备公子与张家金哥退亲，直接造成了两个年轻人一个自缢，一个投河自尽，其贪婪冷酷令人发指。她除了索取贿赂外，还靠着迟发公费月例放债，光这一项就翻出几百甚至上千的银子的体己利钱来。抄家时，从她屋子里就抄出五千万金和一箱借券。王熙凤的所作所为，无疑是在加速贾家的败落。

4. 笑里藏刀，背后算计

贾瑞借酒性挑逗王熙凤，她一面假意含笑应付，一面心中已预谋筹划："他如果如此，几时叫他死在我的手里，他才知道我的手段！"果然，贾瑞色令智昏，不知是计，结果被凤姐尽情戏弄一番以后染上一身的病痛，最后一命呜呼。

贾琏娶了尤二姐，王熙凤先将尤二姐骗入荣国府，经常在贾母和王夫人面前说尤二姐的好话，一面操纵官府，教唆张华（尤二姐最初许配的人）向贾家施压，当事情越来越糟时，贾家的头面人物们就把怨恨集中到了尤二姐的身上，最后尤二姐吞金自尽。

王熙凤一生都在算计，并且处处争强好胜，终于得罪了大太太，加之贾母撒手人寰，她的靠山没了，又被贾琏休了送返南京，最终身心交瘁而死。

真正强大的女人，无论是做大事，还是一般的人际往来，都不可锋芒毕露，"树大招风"，懂得匿才显缺、平和待人才是真正聪明的女人。

女人太好强，男人往后退

网上曾流行这样一段话："女人读书不宜多，大专生是小龙女，本科生是黄蓉，研究生是赵敏，博士生是李莫愁，博士后是灭绝师太。"更有女人曾这样感叹：现实生活中，女人的能力总是和她的幸福成反比。

在如今的剩女中，不乏好强的女强人，她们怎么也想不明白：为什么大方善良、长相也不算难看的自己总是被恋爱和婚姻抛弃？那是因为，太强势的女人会让男人生畏，你力大无比，才识过人，聪明能干，那还要男人做什么？在男人的心目中，女人终究是娇弱的。女人太要强，能力出众，往往让男人望而却步。

在男人心目中，自己是刚强如铁的形象，女人是小鸟依人的柔弱姿态，爱情中，男人天生的使命即是呵护女人。男人喜欢被女人需要，觉得那是一件很幸福的事情，他们总是乐于为心爱的女人做任何的事情。所以聪明的女人要知道在适当的时候向男人示弱，自己明明可以做得到的事情，也要装着不会做，对他说："电脑装个系统好麻烦哦，你来帮我装好不好？”面对这样撒娇示弱的小女人，哪个男人心里不会生出怜惜之心？

在下面节选的迟子建的小说《逝川》中，吉喜就是一个好强的女人，正是因为她的能力太强，让男人望而却步，以致孤老一生。

年轻时的胡会能骑善射，围剿龟鱼最有经验。别看他个头不高，相貌平平，但却是阿甲姑娘心中的偶像。那时的吉喜不但能捕鱼、能吃生鱼，还会刺绣、裁剪、酿酒。胡会那时常常到吉喜这儿来讨烟吃，吉喜的木屋也是胡会帮忙张罗盖起来的。那时的吉喜有个天真的想法，认定百里挑一的她会成为胡会的妻子，然而胡会却娶了毫无姿色和持家能力的彩珠。胡会结婚那天吉喜正在逝川旁刳生鱼，她看见迎亲的队伍过来了，看见了胡会胸前戴着的愚蠢的红花，吉喜便将木盆中满漾着鱼鳞的腥水兜头朝他浇去，并且发出快意的笑声。胡会歉意地冲吉喜笑笑，满身腥气地去接新娘。吉喜站在逝川旁拈起一条花纹点点的狗鱼，大口大口地咀嚼着，眼泪簌簌地落了下来。

胡会曾在某一年捕泪鱼的时候告诉吉喜他没有娶她的原因。胡会说：“你太能了，你什么都会，你能挑起门户过日子，男人在你的屋檐下会慢慢丧失生活能力的，你能过了头。”

吉喜恨恨地说：“我有能力难道也是罪过吗？”

吉喜想，一个渔妇如果不会捕鱼、制干菜、晒鱼干、酿酒、织网，而只是会生孩子，那又有什么可爱呢？吉喜的这种想法酿造了她一生的悲剧。在阿甲，男人们都欣赏她，都喜欢喝她酿的酒，她烹的茶，她制的烟叶，喜欢看她吃生鱼时生机勃勃的表情，喜欢她那一口与众不同的白牙，但没有一个男人娶她。逝川日日夜夜地流，吉喜一天天地苍老，两岸的树林却愈发蓊郁了。

男人天生有英雄情结，不管多么懦弱的男人，都希望在女人面前充满力量，以满足自己天生的保护欲。男人为什么喜欢那种小鸟依人的女人呢？因为小鸟依人的女人藏起了她的力量，掩盖了她的才识。这种女人精明就精明在她会示弱，让男人觉得自己是高大的、不可或缺的。所以，女人不要总以女强人的身份出现，适当在男人面前示示弱，或许就不至于吓跑你的王子。

能干也要讲场合

有些女人在工作中表现得相当出色，有掌控全局的能力，往往处在管理者的位置，支配别人干活是家常便饭。可是无论女人在职场中的地位有多高，一旦回到家里，就要学会转换角色，放下女强人的架子，成为贤内助。

幸福的家庭中没有耀眼的明星，只有善解人意的妻子。很多拥有幸福家庭的成功职业女性都懂得如何在家庭中抹掉自己的职场影子，与对方平等相处。

有个女孩向朋友倾诉，自己在事业上很成功，在朋友中的人缘也很好，长相也可以，在爱情中却屡屡受挫，心中苦恼不已。女孩在工作上得心应手，在社交场合中也是游刃有余，只是面临爱情之时，总是惨遭失败。她仔细分析原因，却发现这是因为自己太过能干。

她说："我发现，当我的男朋友刚刚打开雨伞，我已经叫来出租车；电梯的按钮由我来按；约会时所有的'工作'都是我做，他甚至从没有机会为我拉开椅子或帮我脱下外套。最后的结果是，他离开了我，一切都是我自作自受。我想自己是太能干了。"

当她找到问题对症下药之后，很快找到了现在的老公，而且过得很幸福。在工作中她仍然雷厉风行，但在家庭中，她重新定位自己，做了一个糊糊涂涂的"小女孩"。她的老公是个凡事都有条不紊的人，而她在家总是一副笨笨的样子，不太会做饭，买东西也不懂得精打细算，每次老公整理得干干净净的地方，只要她在家待上半天，就变得乱七八糟，一会儿手机又不见了，一会儿遥控器又不知道放哪儿了，老公又忍不住帮她收拾。

有时老公开玩笑责备她："什么时候你才能有点儿头绪啊！"

她却笑嘻嘻地回答："谁让我有你这么一个好老公呢！"

"我自认倒霉，找了这么个笨老婆，我不照顾你，谁照顾你。"老公怜爱地说。

女人聪明一点儿当然好，但是不要在老公面前太聪明、太能干，要给他表现自己的机会，他不但不会嫌麻烦，反而会更爱你。男人面对女强人往往是望而却步的，他的自尊心和自信心随时会受到挑战。遇到什么问题自己帮不上忙，甚至还要靠女人来解决，恐怕是任何一个男人都不愿面对的尴尬。精明的女人懂得巧妙地依靠老公，让男人觉得自己是高大的、不可或缺的，从而产生一种成就感。

当自己心仪的男人出现时，女人既要保持自己独立的个性，又要懂得适时地示弱。其实，懂得示弱的女人能赢得男人更多的呵护。聪明能干的女人总是看场合办事，在上班时尽量表现出自己就是老板不可或缺的得力助手；下了班，不妨做一个懂得示弱的女人，你会获得更多的爱护。

男朋友的钱，该花就得花

丽君是一个异常独立的女孩子，从来不肯花男朋友一分钱。这样做不是因为她多么有钱，其实她也不过是一名普通的白领，挣的钱刚好够养活自己，生活过得不是很奢华，但是别有一番滋味。她也希望自己能挣很多的钱，有时候太累了，也希望能有一个人替自己的生活埋单。可是，有了男朋友以后，她的这种念头就被打消了。

在很多人看来，像她这样年轻貌美的都市白领，嫁个有钱人也不是难事，可是她偏偏不这么做。不管自己的男朋友是穷还是富，她都坚持花自己的钱。她对交往过的男朋友几乎都是这样说的："女人不能随便花男人的钱，一直在一起还好，万一分开了，谁欠谁的都说不清楚。"所以，一直到了30多岁她还是只花过一个男人的钱，那个男人就是她的老爸。

从初恋到她的第N任男友，她跟每一位男友分手的时候都不曾有过亏欠。跟前几任男友交往的时候，她从来不收对方的礼物，即使是出去约会，她也坚持AA制。直到第四任男朋友几乎崩溃地对她说："你就这么讨厌我吗？给你买什么你都不肯收，你的心里真的一点儿都没有我吗？"她不知道该怎么回答，被迫收下了礼物，可是过不了多久，她就会回送一个价钱差不多的东西作为补偿。

前不久，她的男朋友跟她提出分手。这一次，是有人横刀夺爱抢走了她的爱情，她不甘心，一定要看看那个女人是什么样子的。几经哀求，他答应了。三个人约出来一起吃饭，那个女人一直在点自己爱吃的菜，还吵着要他去买糖葫芦。“第三者”霸道的样子让她吃惊，而前男友竟然摆出了一副享受的表情，让她不能理解。

这个世界是怎么了？她想不明白也不愿意再想。

很明显，丽君与男朋友分手的原因之一就是她从来都不肯花对方一分钱，这样的做法也许能够受到部分女人的崇拜，但是对于男人来说，她的这种坚持完全是一种拒绝，把对方推出了门外。

对于男人而言，如果女朋友不肯花费自己的一分一毫，那么他就会觉得双方之间始终有一条界线，芥蒂深了，双方便会逐渐疏远，甚至分手。

爱情是双方的付出，这种付出不仅是情感上的，还有物质上的。如果不接受男人的付出，那么男人总会觉得跟你有隔阂。接受别人的付出也是一种成全，当女人学会接受的时候，其实也是在换取别人对自己的珍惜。

恋爱中，女人如果不花男人的钱，而只充当他的“免费情人”，那么很可能得不到他的珍惜。只有花男人的钱，成为男人投资的一部分，才不会被男人随手抛弃。

当然，男人愿意给女人花钱也是有目的的：在付出的同时，他们希望能换取对方的付出。也就是说，女人在接受男人的钱的时候，要懂得以爱和关怀回报对方。所以，女人在接受物质上的馈赠时，要确定对方是否值得自己以青春和自由作为回报。

女人在花男人的钱的时候也要看人，只有对自己的爱人，才可接受他物质的馈赠，而别的男人即使付出得再多，也要学会拒绝。此外，即使是花钱，也要考虑对方的经济实力，在可接受的范围内让对方投资，而不是让对方倾家荡产。这样的花法不会换来珍惜，反而会吓跑自己的真命天子。

第四章
了解恋爱心理，做感情的CEO

心动了，就马上行动

爱情是人类永恒的话题，是人生永久的颂歌。爱情让平淡的生活绽放光彩，让短暂的生命源远流长。古往今来，多少痴情少女不顾一切地奔向爱情，投入爱情的怀抱，抱着找到另一半自我的梦想，至死不悔。爱情是美好的，是迷人的，是绚丽多姿的，就像一场春雨，冲去了大地所有的污秽，让世界充满新鲜泥土的清香。正如艾青所写的："这个世界，什么都古老，只有爱情，却永远年轻；这个世界，充满了诡谲，只有爱情，却永远天真。只要有爱情，鱼在水中游，鸟在天上飞，黑夜也透明；失去了爱情，生活像断了弦的琴，没有油的灯，夏天也寒冷。"

爱情更是点缀女人生命的烟花，它是女人一生中最华美的篇章，它为女人的生命增添了五彩的光华，女人因为有了爱情而有了精华和灵气。爱情于女人来说，是阳光下的瀑布，流光溢彩、绚烂辉煌。而女人是爱的使者，在爱情中妙龄男女情深深、意浓浓，彼此无微不至地关怀，相互之间寻求心灵最和谐的默契，相视一笑间最是动人。

爱情这么美好，可并不是所有的女人都能够和自己相爱的男人相伴走完人生旅程，并不是因为没有遇见，而是因为遇到后不知把握。如果你还相信"女人只要安静等待，真命天子就会从天而降"的神话，那就大错特错了。很多时候爱情就在咫尺，只是我们没有足够的勇气抓住眼前的幸福。

很多女人的爱就像默默开着的花朵一样寂寞，却又很纯情。她们一直默默地喜欢一个人，为他高兴，为他暗自心伤。当有一天你看到他牵起另一个女孩的手从你身边走过并幸福地向你打招呼时，顷刻间心便碎了……

电影《四月物语》讲述的是一个发生在17岁美丽少女榆野卯月身上的“爱的奇迹”。因为暗恋学长，成绩不佳的她努力考取了学长所在的武藏野大学。影片的开始便是女孩站在飘满樱花的东京街头，开始了她向往已久的大学生活，也开始了她对爱情的执着追寻。

镜头一直以一个旁观者的身份注视着这个内心被爱的秘密填得满满的女孩的日常生活，从她搬入东京的新居，到她在新班级里做自我介绍，到她参加钓鱼社的活动，到她在电影院外被陌生男子尾随……直到她被在书店打工的学长认出后，她才终于有勇气伴着淋漓的雨声对学长说出：“对我来说，你是很出名的。”在这一场痛快淋漓的大雨中，影片缓慢平淡的节奏突然因为女孩秘密的揭开而掀起了高潮，而电影也就此走向了尾声。故事很唯美，看上去又很伤感。

有个纽约单身汉出了一本畅销书，他采访调查了1533个异性恋男人，发现1980年的美国40岁男人中只有6%从未结过婚。男人里面能结婚的都结了，剩下的都是独身主义者或者恐婚男，这对以结婚为目的而交往的剩女们是最大的打击。当她们冲进收费昂贵的精英婚介所时，发现这里的男女比率已达到了1∶3，这可怎么办呢？有情感专家出来指点迷津：不想剩着，就要主动，就要去追求，把幸福牢牢地把握在自己手中。

爱情的国度里，地老天荒永远是两个人共同创造的甜蜜，一个人是不能地老天荒的。女人，别再苦苦等待你的爱情，却眼睁睁看着心仪的白马王子拥抱别的女人入怀，和别的女人白头偕老。爱他，就去告诉他，就去追求他，努力才能为幸福加分。

爱，除了心灵的感应与感觉外，还应有行动的表白，不论爱或被爱，都是一件幸福的事。可幸福不是等来的，它需要努力，需要创造。如果爱，就要敢于表白。表白对于一份爱情的开始十分重要。因为骄傲放不下面子，不肯先向对方示爱，这又何必呢？示爱并不是示弱，假如这段感情幸运地开始了，先示爱的一方也并非低人一等，敢于表白的人才能掌握自己的情感轨迹，才能抓住自己的幸福！

当你遇到自己喜欢的人，在什么都没有开始时，如果以为“他不一定喜欢我”，那么你可能会真的失去他，从而失去选择的机会。

害怕被拒绝也大可不必，女人需要做的是克服自己自卑不安的想法和自愧不如的心理。不要坐在电话机旁犹豫不决，事实上，只要你勇敢地拨一次电话，事情就会解决了，你也可以彻底摆脱忧心如焚的处境，即使遭到拒绝，也不算什么大不了的事情，只要保持轻松、宽容的心情就能度过情绪不稳定的日子。如果你什么都不去做，终日停留在忐忑不安中，猜测他的心意，又有什么意义呢？为什么不给自己一点儿主动权呢？

被拒绝并不代表你有什么过失，也许他心中另有所属，而他恰恰是个忠诚的爱人；也许他目前为事业忙得焦头烂额，根本无暇分心经营爱情；也许他最近情绪不佳，偏偏你又撞在枪口上……所有这些都与你无关，不要因为被拒绝就觉得被判了死刑，失去了追求爱情和幸福生活的勇气。

如果爱就大声说出口，爱有很多次，真爱往往只有一次。如果错过了，也就错过了，重来的机会实在是微乎其微。女人要懂得抓住自己身边的幸福，一句话，一辈子。

越是窝边草，越温暖

女人，如果你现在还抱着“兔子不吃窝边草”的爱情观念，那么我们只能对你说：“你OUT了！”在如今这个恋爱自由的时代，女人已经不再是苦苦守候爱情，默默待君骑白马来迎娶，而是大胆去追逐心中所爱。现在的女人，不吃“窝边草”更多是因为她们窝边的“草”不够优质，一旦她们的身边成长出青翠可人的优质“青草”，她们就会勇于尝试“青草”的甜美。

大学被人们誉为“恋爱的天堂”，这里的人儿都青春正茂，美丽正盛，在这里，人们自在随意地啃食“窝边草”，“老乡配”“同学配”等一对又一对前赴后继地浮出水面。为什么越来越多的人青睐“窝边草”的爱情方式？女人的答案就是：越是“窝边草”，越能像温暖的台灯一样，让她们心里暖暖的。心理学家指出，能延续多年的异性之间的友情，多少有点儿类似家人的亲情，由此步入爱情，不失为一条捷径。

但是，女人要知道，不是所有的“窝边草”都可以入口食用，掌握挖掘“窝边草”的技巧，才能让你享用到“窝边草”的甜美爱情。挖掘“窝边草”的时机不外乎同学会、同学的婚礼或是回乡、返校的火车上。可供挖掘的“窝边草”，必须曾和你分享过至今为止最重要的人生时刻，也就是说，原本就是可以信赖的朋友。如果彼此没有美好的回忆作为基础，也就难以碰撞出爱情的火花。

女人一旦发现了身边出现优质的“窝边草”，一般都会用这样的话题拉近彼此的关系：一起在卡拉OK唱过的歌；那时两人都很喜欢的音乐；以前经常去的地方；那时最好笑的一件事，当时彼此的绰号（确保那绰号没伤害过你们的自尊心）；如果是在家里，找出那时的照片一起看，更能回味逝去的年少时光……这些“返老还童”的话题最能增进彼此的亲密感，让你顺利拿下这棵“窝边草”。

而女人如何向“窝边草”表白心意，最终成功吃掉“窝边草”，也是有窍门的。

1. 明明白白地“诱惑”

确定要挖掘的“窝边草”之后，女人大可直接发出邀请，比如对对方说：“……你不说我都忘了，真想回到那时候呀，看来得经常见见。”“你要是不忙，经常出来玩玩吧？”不过这样明诱往往招致对方反问：“就我们俩吗？”这时就只能单刀直入了：“很怀念那个时候，和你在一起，就像回到那时候一样，我很开心……”当女人开口出说这些话，只要郎有意，自然会答应你的邀请，时时同你碰面，爱情自然而然发酵。

2. “见风使舵”

如果有人拿你和他开玩笑，说“你们配一对算了”之类的话，你不如也以开玩笑的口吻应承下来，他要有意自然是佳偶天成，他若无意也只会当你是玩笑话罢了。

3. 深度诱惑

许多女人都会利用“诱敌深入”法，抓住“窝边草”的心。比如她们会对“窝边草”说：“我也谈过几次恋爱啦，可觉得和你在一起就是不一样，以后就算你结婚了，我也希望能像现在这样……”据说超过半数的“窝边草”会立刻跟上一句：“那你做我女朋友算啦。”

4. 含蓄地暗示

许多时候，女人都会含蓄地暗示“窝边草”：“我们认识有多久了？一般谈恋爱的，也就三五年吧，我们在一起的时间，比他们多多啦。”或者是说：“今天玩得真开心，还是因为和你在一起啊。”这种不显山不露水的暗示的好处是万一对方无心，不会伤自己面子，即使对方迟钝地接上一句“是呀，我们都那么多年朋友了”，你也不至于陷入尴尬的窘境。

5. 直接表白

有一种女人，她们的性格如男人般豪爽，面对自己心仪的“窝边草”，不会含蓄等待，而是直接“豁出去”大胆表白：“再这么下去，我会爱上你的。”索性赌一赌，只要一分钟，有没有可能“成事”立见分晓，看他到底是回答你“那我们就隔一段时间再见好啦”，还是“那更要多见见”。

如果女人发现身边有自己心仪的优质男人，那就发挥你挖掘“窝边草”的潜能，勇敢地追逐你的爱情吧！

情话这样说才更有味儿

在热恋的时候，情话是恋人之间必不可少的调味品，但不少女人认为，说肉麻的情话是风骚的表现，会让男人看不起。其实，男人心里并不是这样想的。因为情话是增进彼此感情的“强心剂”，男人可以说肉麻的情话，为什么女人不能呢？肉麻的情话最能使对方获得满足感和快感。女人长得漂亮，不如说得漂亮，女人不妨把情话肉麻到底！

孙子曾经说过“兵不厌诈”，其实，在恋爱方面女人也可以用这招。不过，当你“哄骗”男人之时，必须先用客观的态度进行观察，等准确地发现了其价值以后，才能够着手进行。

你可以装成很受感动地说："你实在太有男子汉气概了，尤其是你的眼神。"或者说："据说男影星汤姆·克鲁斯为他的鼻子上了一百万的保险，其实，你的鼻子可比他强多了！"

只有异常敏感的男人会察觉到你在"演戏"，而一般男人会以为他的英俊把你击昏了，于是，他也会被你的"震惊"感动，开始对你萌生好感。

就算这些情话没有达到预期效果，但是你在这一过程中发现了某种美，将加深你的喜悦，提高你的人格。毕竟，如果不能欣赏对方的美，你充其量也不过是浅薄的情人而已。

"啊！完了！我好像掉入了你的陷阱里面去了。"

这是一句能够赢得男人爱情的话，但也有一个前提，那就是：你必须弄清楚他的哪一点真正吸引了你。

去爱一个男人是轻而易举的一件事，可有一件事做起来相当艰难，那就是，如何把对方的英俊巧妙地表现出来，也许下面这些情话能给你带来一些参考：

"我只能在四种场合之下去爱男人。第一是遇到趣味高尚的男人；第二是两个人都感觉到反复无常的时候；第三是身体有所需求的时候；第四——也就是你的场合——碰上理想的对象的时候。"

"男性最不能原谅的是，女人的不爱干净。可是，我认为你会原谅我的，因为，你的宽容会抵消我的懒惰。"

"自从昨天跟你分手之后，到今天已经整整一个月了。"

"你的体味就是男人的味道。"

"你认为我在想什么？难道我有什么可想的吗？除了你的英俊之外。"

"我最害怕你的，首推你的帅气。不过，话又说回来了，害怕跟喜欢根本就是一回事。"

"在情场获胜的方法只有一种，那就是，掉头溜之大吉。然而，你的帅气牢牢地捕捉了我！"

"你具有一种神秘的气质。不过，你大概不会因此而讨厌所有的女人吧？"

"像你这样帅气的人，想必会使女人因单相思而死的。但是，你可不能一辈子对女人的追求都装聋作哑，因为，我知道你的帅气，那就像镜子一样。”

“潇洒的男人是会使女人悟出自己的宿命的。以我而论，你就是这种男人！”

这些情话非常肉麻吧？但它们确实能让男人心花怒放，那么，你要不要去玩玩这个“游戏”呢？女人要明白，讨人欢心的交谈，才是博得男人欢心的最佳语言，下次和恋人交谈的时候，不妨试试上面的几句话，相信一定会套住他的心。

了解爱情中的先动策略

爱情里的规则是先动一方占据主动优势。不管女方貌若天仙，还是男方英俊潇洒，在爱情博弈中，只要你把握主动权，采取先动策略，率先表达出自己的爱意，就很可能获得对方的青睐。

有一个男孩非常喜欢一个女孩，但他始终把感情藏在心里，不敢说出口。后来另一个男孩对女孩表白了爱意，结果女孩就和那个先表达爱意的男孩谈恋爱了，不敢表达爱意的男孩后悔不已。因为他没有遵循爱情里的规则——采取先动策略。

电影《诺丁山》中，大牌影星安娜·斯科特走进伦敦诺丁山的一家小书店，一杯橙汁使离婚后爱情生活一直空白的威廉·塞克意外地得到了安娜的吻，两人相爱了。

然而威廉·塞克是一个羞涩的男人，或者说是一个不会主动的男人。

女主角只能主动，第一次去他家里，出门后又回来；在车站再次邂逅，她邀请他去自己家里；为躲避记者跟踪，她到他家里过夜，也是她主动走到他的床边；后来因为前男友的介入，她和他有了误会，到最后，还是她主动上门要求重修旧好……

威廉·塞克是个憨厚纯良的男人，但他或许觉得这种幸福是不真实的，因此总是缺乏爱的勇气，就那么一次次躲避着爱情。那些为这部电影禁不住热泪盈眶的观众，一定是理解了女主角心里的温柔和焦急：主动，我得主动，否则我的爱情就要不翼而飞了。或许我们在生活里也有这样的经历，自己心爱的那个人，仿佛永远不知道自己在渴望什么，就那么傻愣愣地在一旁观望自己的爱情，像局外人一样不敢介入。

经济学里的“先动优势”，是指在一个博弈行为中，先行动者往往比后行动者更占有优势，能够获得更多的收益。也就是说，第一个到达海边的人可以得到牡蛎，而第二个人得到的只是贝壳。你也可以把它理解为“先下手为强”，比如，第一个对你说“我爱你”的人，总是比之后的其他追求者更让你印象深刻，哪怕你只是和他在大学校园里牵了牵手、散了散步，但一直到很老的时候，你仍然无法忘记他。

但是在爱情中，“先动优势”往往会形成惯性，你主动了第一次，以后就得永远主动下去，你爱的那个人，仿佛已经习惯了什么事情都由你发起。共鸣和分享式的爱情才会有持久的生命力。在一场恋爱当中，如果你发现总是你一个人在拼命流泪流汗唱独角戏，就要采取点儿行动了。要一点儿小伎俩，“先发制人”，有了优势后，不如把脚步放慢，让对方跟上来，两个人步调一致了，爱情才能经营得好。

《诺丁山》的结局，威廉·塞克鼓起勇气，直闯记者会，关键时刻向心上人表达了自己的心声，赢得美人归，这就是进步。

在爱情博弈中，先表白，采取主动是追求恋人最好的策略。

运用色彩心理学巧扮约会装

色彩好比仙女的魔法棒，能将灰姑娘变成公主，也能将公主变成丑小鸭。每个女孩都应当认真地获取色彩中的奥秘，运用色彩心理学，在约会时不露声色地将自己打扮成世界上最美丽的公主。

你会是春夏秋冬中的哪位公主呢？

1. 春天公主

明媚有灵气的天使，白皙光滑的皮肤有着透明的质感，脸上有着淡淡的红晕；明亮的眼睛中闪烁着不谙世事艰难的清纯、活跃和明亮；头发多为柔和的黄色、浅棕色和明亮的茶色。春天色彩的公主适合穿各种明亮、鲜艳、轻快的暖色系衣裙，如橙红、橘红、桃粉、象牙白、蓝色、浅绿、松石蓝、浅水蓝、黄绿色、杏色、浅金色……春天型的公主千万不要以为穿纯色、深色的衣服可以衬托自己的肤色，其实，这样只会显示出一张没有血色的脸，让自己失去了灵动的气息。对于精灵般的春天公主来说，黑色将不再安全，一定要避免过旧、过暗的颜色。

2. 夏天公主

永远是人群中最温婉飘逸的那一个，皮肤米白或是带点儿蓝调的驼色，双颊白里透粉；眼神柔和，眼珠常常是深棕色或玫瑰棕色，眼白是柔白色；头发通常是黑色或深棕色，质地柔软。适合穿以蓝色、紫色为主色调的，有着温柔、恬静气息的颜色。反差太大和形成强烈对比的颜色会破坏夏天型公主身上那份独有的亲切温和。与春天公主一样，夏天公主也不适合穿黑色，过深的颜色会冲撞夏天公主的柔美气质。所以夏天公主可以选择灰蓝色、可可色、玫瑰棕、清水绿、淡蓝色、玫瑰红等柔和、淡雅的颜色。

3. 秋天公主

拥有浓郁而华丽的高贵气质。瓷器般的皮肤上很少出现红晕，一双沉稳的眼睛，给人以成熟稳重的感觉，再配上棕色的头发，是四季中最成熟、最华贵的代表。金色和苔绿色可以让秋天公主更加自信，独占大自然丰收的色彩。秋天公主可以遵循以相同色系或相邻色系浓淡搭配的原则来烘托自己的稳重与华丽。砖红色、深棕色、咖啡棕、沙青色、芥末色、橄榄绿、森林绿、橙红色等颜色都比较适合秋天公主。总之，越浑厚的颜色越能衬托秋天匀净的肤色。

4. 冬天公主

有着天生的黑发，锐利有神的黑眼睛，脸上几乎看不到红晕的颜色。在雪花飘飞的季节，冬天公主有着冰清玉洁的美感。冬天公主只有体现“冰”的色调，才能显得惊艳、脱俗。在四季公主中，只有冬天公主最适合使用黑、白、灰这三种颜色。也只有在冬天公主身上，黑、白、灰这三个大众常用色才能得到最好的演绎，真正发挥出无彩色的鲜明个性。冬天公主最适合纯色，正红、酒红、纯正的玫瑰红、冰蓝、冰粉、冰绿、冰黄等颜色都十分适合冷艳的冬天公主。

除此之外，知晓一些经典的色彩搭配，会让你的装扮更加得体。

1. 墨绿色VS桃红色

墨绿色的眼影与桃红色的唇色能营造出一种春天的生机感。先在整个眼眶涂上一层淡淡的嫩绿色，然后用少量较深的墨绿色眼影在靠近睫毛处轻轻地晕染，最后用干净的手指将两种颜色均匀地融合在一起。口红则应选择同样独特的桃红色。

2. 果绿色VS樱桃红色

这是可爱女孩经常选择的搭配方式。这两种颜色都有年轻感，鲜嫩可人。先是在上眼窝涂浅粉色，打亮整个眼部，让上眼窝处没有阴影感。然后，使用果绿色大量画在下眼睑位置，上眼线和下眼线则选择咖啡色。最后，在上睫毛根部画上一层约两毫米宽的果绿色眼影。唇色选择水润感强的樱桃红。果绿和樱桃红两种颜色互相衬托，越发突出了可爱、明丽的特色。

3. 天蓝色VS杏粉色

办公室女郎不妨尝试一下这种搭配。天蓝色眼妆搭配杏粉色唇妆，是显示年轻的关键。眼影不可画得面积过大，否则会有夸张、轻浮的感觉，大概在上眼睑宽度四分之一的部分就可以，其他部分慢慢推开，只留极淡的颜色。之后，用同样色系的唇线笔描好唇线，用杏粉色唇彩淡淡涂抹一层即可。

4. 宝蓝色VS桃粉色

要参加舞会或者出席时尚晚宴，不妨试试这种搭配，会让你成为引人注目的焦点。因为眼妆的宝蓝色本身就有些张扬，如果选择色彩过分明艳的唇彩，则会显得过于热烈，如果唇色太淡，又会显得头重脚轻，选择浓淡适宜的桃粉色刚刚好。

怎么样？懂得了这些色彩心理，下次约会的时候据此精心装扮一番，一定会让你的他眼前一亮哦。

过了恋爱观察期再交心

了解男人，并判断这个男人是否能带给你想要的爱情，是决定与这个男人恋爱与否的先决条件。因此，开始一段恋情之前先不动声色，好好地观察他一段时间再说吧。

从生活上观察他，看他是邋遢还是整洁。比如，他房间有些什么摆设，干净还是脏乱。如果房间里东西摆得整齐，床却比较凌乱，有可能只是这一段时间比较忙，没有收拾床铺。如果全都很脏乱，有些甚至堆满了灰尘，那你就要小心了，这说明他可能是个有着邋遢恶习，并且生性懒惰的人。这时，你就要想好了，恋爱时也许不太在乎，但是你有信心以后和这样的男人生活在一起吗？你能长期容忍或改变他这种脏乱的习惯吗？这是要付出很多精力的。

从他的言谈举止观察他的个性。说话做事会透露一个人的性格。如果他喜欢在你面前充满温情地谈起自己的家庭，这种男人往往有耐心。如果他喜欢对别人评头论足，看不起任何人，听信传言，甚至对别人的遭遇幸灾乐祸，这种男人往往自大、自私，不如趁早离他远点儿。说话爱讽刺别人的男人，其实是借贬低别人抬高自己，这类男人心理不健康，而且没有基本的自信。

还有些男人喜欢无缘无故地发火，有时冲着电视节目喊叫，还可能对餐厅服务员微小的失误大叫大嚷，咄咄逼人。这样的男人对自我情绪的控制能力较差，也可能潜藏着精神方面的隐患，有发展成抑郁症的危险。

还有一点，如果他不是你的初恋，那就要注意他对前女友的言谈了。一般说来讲前女友坏话的男人，是靠不住的。既然曾经相爱，为什么要诋毁其名誉？尊重自己以前的女友，才是大度的男人。但如果他总是在你面前说前女友的好话，则说明他仍想念她，旧情难忘。

在行事上也可以观察他。从某种意义上讲，男人对工作的态度就是他对生活的态度。凡是在工作上稍不顺心就跳槽的男人，几乎可以预料他在夫妻关系中也不会是首先让步的一方，总要你先做出妥协。你要考虑自己是否能长期包容这样的男人。

从他对孩子的态度观察他是否有爱心。有人说，喜欢孩子的男人，是比较有爱心的。这个说法有一定的道理。通常嫌小孩麻烦，拒绝与小孩亲近的男人，都是比较没有责任心的男人，也不会成为一个好父亲。

从他是否守时观察他对你的心。如果你们每次约会，他总让你等他，那就是没把你放在心上，同时他觉得自己的时间比你的时间更重要，这意味着他对你并不尊重，或者也可以说，他并不太在乎你。对于这样的男人，不如及早放手。

韩剧《浪漫满屋》中，男主角对女主角说：“可能你不知道，我是个很忙很忙的人，但每次见你，我都会空出时间来。”他的话说明了一个道理：男人若真爱一个女孩，绝不会以忙碌为借口。

如果男人总是约会迟到或借口“我工作很忙，过一阵子再去看你”或“今天晚上我有事，改天再和你约吧”，那么，女孩就不要想“他不是不爱我，他只是忙”，更不必傻傻地等着他闲下来时找你，他的态度已经很明显了。像邓丽君的歌里唱的：“你说过两天来看我，一等就是一年多，证明你心里根本没有我，把我的爱情还给我……”

明智的女孩要明白，让你等的男人，是不配得到你的爱的。男人的爱与不爱，一目了然：爱着，恨不得与你形影不离；不爱，便是没有时间或“我很忙”。

从他对母亲的态度，观察他是否有孝心，或是否有恋母情结。孝顺母亲的男人，通常也会疼爱妻子。爱母亲，尊重母亲的男人也一定懂得爱自己的妻子。当然，也要注意一下，如果他不是爱母亲，而是依恋母亲，那就要注意他是否有恋母情结了。凡事都依赖母亲的男人，会让你受到伤害。

从他的消费及对金钱的态度观察他的处世态度。大方对男性来说不一定是好事，但小气的男性一定会让女孩难以忍受。因为吝啬、小气的男人在情感方面也一定会斤斤计较。

有的男人在和女孩交往的时候，总是抢着付账，这不一定能证明他大方。如果女孩安然地用着男人的钱，这往往意味着她已经将自己和男人的未来联系在一起，男人当然也明白这点，如果你不想与他有所发展，他依然这么大方，说明他想控制你。

至于挥霍无度、经常透支，甚至负债累累的男人，千万不可与他交往，这类男人通常不会有什么家庭责任心，最后受伤害的只会是你。

了解恋爱中的择偶心理

每个人都希望找到自己理想的伴侣，因而，每个人的择偶心理各不相同，并且往往是多种心理的交织，只是以某种心理倾向为主罢了。现代人复杂的择偶心理，取决于社会时代背景、个人人生观、恋爱观、价值观等多种因素，不同的人有不同的恋爱观和择偶心理。现实生活中，常见的典型择偶心理有以下几种类型：

1. 追求外表美的择偶心理

在年轻人中，追求外表美的择偶心理是很普遍的。希望自己的对象漂亮点儿、英俊些是人之常情，但如果一味地追求这种外表美，则会进入择偶误区。仅靠漂亮的外表维系的爱情，往往是短暂和肤浅的。当岁月使容颜衰老时，爱情拿什么来继续呢？相对于漂亮的外表，一个人的品行、才干和经济基础应该是更重要的择偶条件，就像歌德所说的："外貌美丽只能取悦一时，内心美方能经久不衰。"

有些人在择偶时过分注重对方的外在条件，从长相到身材均有较苛刻的要求。究其原因，除了求美心理外，主要是虚荣心作怪。但外表美并不等于心灵美，外表美只能取悦一时，心灵美才能地久天长。因此，一味追求外在美，并以此作为择偶首要条件是不可取的。

2. 追求完美的择偶心理

择偶时要求对方完美无缺，既要外部形象出众，又要内在素质良好；既要本人条件优越，又要家庭情况满意。这种尽善尽美的择偶标准理论上讲是好的，但现实生活中实难找到如此完美的个体，因此容易产生动机挫折，造成婚恋困难。许多大龄未婚青年，特别是女青年，即因一味追求理想模式而贻误终身大事。

具有这种择偶心理的，也是以年轻人居多。年轻人选择对象时，往往事先制定一系列条条框框，凡不符合其中一两点的，哪怕其他方面都中意，也不在考虑范围。比如常听一些女孩子这样说："我的白马王子，长得要帅，心眼要好，要会关心我，家庭背景要好，要聪明，更要有钱……只要缺了一条，就绝对不考虑！"具有这种择偶心理的年轻人，常常等到成为大龄青年的时候才找到爱情，但对象往往也不是最初的完美形象。这是因为处处完美人几乎没有，即使有几个，大家都抢着追，成功的概率又何其小。纵使终于抓到一个完美的情人，交往中不可避免的瑕疵也会使追求完美的人无法忍受。经历了孤芳自赏或几度甩人之后，年龄大了，只好委曲求全嫁了人。

3. 物质至上的择偶心理

有些人择偶时对物质的要求较高，注重对方的经济状况、住房条件和对方父母的地位、权势、财产等，他（她）们不是把婚姻建立在爱情的基础上，而是把婚姻当作一种交易，把自己的幸福和命运寄托在对方的金钱和地位上。在某些经济落后地区买卖婚姻、索要彩礼的现象可谓是这种类型的典型表现。产生这种心理的原因除了追求物质享受、满足虚荣心外，还与一些人，特别是女性的依赖心理、从众心理有关。

在现代社会，这种择偶心理比较普遍。有很大一部分人，把经济状况当作择偶的首要考虑因素。但是，他（她）们忘了，建立在物质、金钱基础上的爱情与婚姻，铜臭会淹没感情的温馨。当金钱失去的时候，这种关系将难以维系。

4. 追求精神满足的择偶心理

随着社会的进步和个人素质的提高，追求精神满足的恋情的人越来越多。这类人在择偶时，不再拘泥于外在，而是追求心灵上的相互沟通和共鸣，注重对方的道德品质、思想感情、性格爱好等方面情况。

他们重才不重财，重德不重貌，追求彼此心灵上的沟通和感情上的融合。如此获得的爱情才是靠得住的，因为高尚的人品、良好的素质是维系持久而真挚的爱情和婚姻的重要基础。但是，一味地追求精神满足而忽视物质基础，将会使恋人爱得坎坷。

5. 游戏择偶心理

有一部分年轻人，朝三暮四、寻花问柳，以爱情的名义玩弄他人感情，以伤害别人为乐趣。这种人的人生观、恋爱观是可耻的，伤害别人的同时也浪费了自己的青春。

男女的择偶心理多种多样，以上所述不过是几种基本的类型。现实生活中，典型单一的择偶心理是很少的，大多呈复合可变型，表现为多种心理状态交织，但以某种心理倾向为主。无论持有什么样的择偶心理，都要牢记这样的格言：以利交者，利尽则散；以色交者，色衰则疏；以心交者，方能永恒。

女人不可不知的择偶周期表

万事万物皆有定律，爱情也不例外。女人要想顺利追上心仪的男人，首先要分析自身的优势，择偶价值周期表不能不知道。

1. 璞玉期：16~22岁

人们常说，16岁的花季，17岁的雨季。当女孩步入16岁，她作为女人的美丽含苞待放，芳香悄悄蔓延开去。紧随着女孩步入17岁，迎来了雨季，滋润着女人之花愈发美丽芬芳。从16岁到22岁，是一个少女向女人变身的过渡时期，对爱情懵懵懂懂的她们初次为男生心悸，初次品尝爱的甜蜜，单纯地快乐着。她们是璞玉，未经打磨，却有着内在浑然天成的价值。如果能够幸运地遇上珍惜的人来开发她内在的光彩，一定会激发出耀眼的光芒。单纯让她们分外美丽，却也可能因错择情缘而痛苦，甚至留下一生都难以抹去的心灵伤痛。单纯而不“单蠢”，才能让这个时期的美丽女孩迎来童话般的爱情。

2. 黄金期：23~25岁

走出了璞玉般纯净的少女季节，女人步入了23~25岁的黄金时期，迎来了女人之花热烈绽放的时期。少女时期的美尽管纯净却略显稚嫩，而一旦过了25岁，女人的身体条件逐渐走下坡路，外在之美开始流失，也只有黄金时期的女人，才能当得起宋玉在《登徒子好色赋》中所描绘的“增之一分则太长，减之一分则太短。着粉则太白，施朱则太赤”的恰到好处之美。在女人这最美丽的时节，何不据“天时地利”之优势，牢牢锁住一个优质男？

3. 珍珠期：26～28岁

女人一过25岁，身体的各个器官开始衰败，外在之美逐渐褪色，黄金时期的辉煌难再。在其后的两三年内，女人的美丽不至于衰退得太厉害，虽然没有黄金的光彩夺目，但还有珍珠的莹莹光芒。故此，女人的26～28岁被称为珍珠期。这个时期的女人，已经经历过一些感情的挫折与伤痛，岁月的磨炼让她们散发出一种温润成熟的美感，一如从蚌壳中痛苦孕育的珍珠一般温婉润泽。这样的美丽最能刺激男人对女人的呵护欲望，对你许下厮守一生的诺言。

4. 青铜期：29～34岁

29～34岁，被称为女人的青铜期，因为此时的她们不再光鲜，不再抢眼，而是抹上了一层时光的痕迹，轻易掩饰不了眉梢眼角的疲态和沧桑。无论是女人自己还是她们身边的男人都开始接受一个事实：这个女人确实开始老了。尽管这个时期的女人内在美越来越突出，越来越睿智，但懂得欣赏这种丰富心灵世界的单身男人却是“凤毛麟角”。这个时期想要获得幸福的爱情，女人该反省一下自己的择爱标准，适当调整。

5. 瓷器期：35～38岁

过了35岁，女人多半已经渐渐看淡了爱情，反而能够放慢脚步，享受生活。这时，女人进入了35～38岁的瓷器期，她们内在的修养和气度能够通过举手投足沁出来，在她们的面容上笼罩一层光亮。此时的女人仿若上好的瓷器一般，精致、华贵，配得上上好的铁观音，也能够盛放香浓的现磨咖啡。这种知性的美丽反而能够让男人怦然心动。

6. 古董期：39岁以后

当女人的单身生涯步入了39岁，心里已经开始享受单身生活，甚至可能做好了孤身一人的打算。她们不再为相亲奔波，也不再为男人刻意打扮，也无视于他人的流言蜚语，在自己的世界里活得逍遥自在。在恋爱的跑道上，这个时期女人开始彻底放慢脚步，因为她们已经进入了身价的古董期，越来越昂贵，也越来越敝帚自珍。男人们不会像寻求猎物一样盯着这个年龄的女人看，但是只要能遇上就是一种缘分。这时，男人看重的是女人的内在，是心灵的契合和灵魂的共鸣，这就像一个收藏家遇见了心仪的古玩，那种心心相通的喜悦是难以言表的。

追爱的途中，女人不能光顾着迎合优质男的喜好，不能光顾着释放自己的光鲜美丽，也要注意把握好自己的择偶周期，选择在最有价值的那个时期，释放出极致的美丽，吸引住王子的心，顺利进入爱情的国度。

情人眼里出西施的审美错觉

在19世纪以前，我们的前人还把“三寸金莲”——小脚当作女性的一种美，而在今天，哪位小姐如裹着小脚招摇过市，恐怕只会贻笑大方。时代不同了，美的标准也不一样了。

人们对美的感受各有差异，有人喜欢纤细美，有人则欣赏丰满美；有人选择粗犷美，有人醉心柔和美。同一个女性，在有些人的眼中美过西施，而在另一些人的眼里则不过芸芸众生。不同的心理感受，与各人不同的美的标准相关，当然对绝大多数的人来说，漂亮与丑陋的界限大体是一致的，因为美毕竟是一种客观存在，大多数人的审美标准不会有太大的差异。

“情人眼里出西施”的心理现象可以说是爱情的必需组成部分，尽管这是一种心理学上所称的“审美错觉”。错觉是对客观事物的本质联系的一种错误知觉，有审美错觉和认识错觉之分。认识错觉和审美错觉是有区别的：认识错觉，反映的是不真实的客观情况；审美错觉是对审美对象深入体验之后，审美主体所产生的真实的美的感觉。这种审美感觉在客观上看好像是失真的，但在主观上是真实的心理体验。

热恋中的男女对异性美的审视，既针对其外在体貌特征美，也针对其内在心灵美。心灵美可以弥补外表美的不足，正如托尔斯泰所说的：“人不是因为美丽才可爱，而是因为可爱才美丽。”有这样一个动人的故事可以证明这一点：

伊丽莎白·巴莱特是19世纪英国著名的女诗人，坎坷的命运使她无缘于五彩缤纷的生活。多年病痛的折磨使她卧床不起，年近40的时候仍是孤身一人，但她写得一手好诗，拥有众多诗迷。与白朗宁的结识是从一封白朗宁致女诗人的信开始的，在几个月的密切通信后，巴莱特收到了白朗宁的求爱信。鉴于自己的身体状况，巴莱特拒绝了，但白朗宁坚持不懈，终于打动了巴莱特尘封已久的心。两人见面的时候，白朗宁拉着巴莱特的手说："你真漂亮！"白朗宁的意外闯入，使巴莱特原本灰暗的生活出现了明亮的阳光，更令人不可思议的是，多年来纠缠她的疾病也似乎开始退却，她的身体状况竟渐渐好转了。

在别人眼里，巴莱特相貌并不出众，而且身体还不健康，何美之有？可白朗宁在她的诗歌中发现了她的内在美，由内向外扩散，巴莱特成了他眼里最美丽可爱的女人。

这种审美错觉其实是很有意义的：它使情人发掘出恋爱对象身上更深层的美以补偿某种不足，可以推动爱情的发生与发展，而不至于使那些外表并不美的人终生孤单。但如果审美者本身没有健全的审美意识，或者这种错觉发展到过分的程度，就会产生消极的作用。正如霭理士所言："在热恋中的男女竟会把对方很丑的特点认为极美，而加以誉扬颂赞。"

人的价值观、人生观是产生审美错觉的内在原因。一般人都会向往美好的事物，并且往往把善良、真诚与美联系在一起。美丽的外貌容易引起人们对真、善的联想，从而容易令人产生好感，这是一种自然的心理反应；真、善的内在本质也容易引起人们对美的思考，从而产生美感，这是正常的心理效应。但无论对真、善的理解还是对美的欣赏，都离不开正确价值观、人生观的引导。没有正确的价值观、人生观，就无法实现真、善、美的审美统一，就无法架起连通内在美与外在美的桥梁，甚至导致人们缺乏内心对美好事物的追求和向往。如果爱情没有了正确的价值观、人生观引导下的审美，就容易暗藏危机，导致日后婚姻和家庭悲剧的发生。如果审美错觉有悖于正确的价值观、人生观，一旦爱的激情日趋平息，光环效应随之消失，后悔就为时晚矣。

恋爱中的男女，往往容易被对方容貌的美丽光环迷住双眼，而忽视了其美丽外表掩盖下的丑陋灵魂。巴尔扎克曾对这种情况做了透辟的描述：“在虔诚的气氛中长大的少女，天真、纯洁，一朝踏入了迷人的爱情世界，便觉得一切都是爱情了。她们徜徉于天国的光明中，而这光明是她们的心灵放射的，光辉所及，又照耀到她们的爱人。她们以心中如火如荼的热情点燃爱人，把自己崇高的思想当作他们的。”

有些女人，由于心理的发育还不够成熟，常常不能冷静、客观地审视对方，见其优点而不见其缺点，甚至把缺点也看成了优点。例如有位女子爱上了一个颇为英俊潇洒的男子，英俊潇洒盖过了其他一切。当他有些粗鲁时，她认为是豪爽；他挥霍浪费，她却认为是慷慨大方；他有些方面不老实，她却认为这是聪明机智；甚至他和别的女人勾勾搭搭，她还认为这是由于他魅力非凡……直到最后吃了大亏，她才追悔莫及。

热恋中的女人，要正确看待审美错觉。出现审美错觉无可厚非，但要通过正确的价值观、人生观来指导和修正这种审美心理。

单相思：一种说不出的痛

恋爱是两个人之间的感情交流，如果只是一方投入感情，而对方毫无感觉或不想与之交流，就形成了单相思。单相思只是单方面的倾慕，所以不是恋爱。但由于这种倾慕者大部分是默默地表现着，又迫切希望自己能够被接受，所以这种情感往往十分强烈，也容易受到伤害，产生心理疾病。

单相思的形成大多由于以下两种原因：

1. “爱情错觉”

即把男女间正常的交往，同志、朋友式的关怀和友谊误解为爱情，想入非非，陶醉于遐想的“爱情”中造成单相思。

2. “理想模式”

每个青年男女心中都有自己的“白雪公主”或“白马王子”，一旦在生活中遇到一位在容貌、才华、气质、风度上都与自己心中的理想模式吻合的人，就会产生难以抑制的爱情之火，这种爱在没有引起对方的感情共鸣时就形成了单相思。单相思的对象有的是同窗好友，有的是新朋友，有的只是一面之交，也有的是影视明星或小说中的男女主人公。

单相思又被称作“单恋”，是指对某个异性的一厢情愿的爱恋，而对方往往不能回报同等的爱，或者根本就不知道。

单相思是人们渴望爱情的一种心理反应，但这种感情不是建立在双方相恋的基础上，而是从当事人主观愿望出发的“自作多情”。有些单相思者往往把自己的想法和情感倾注到对方身上，但又不知道对方是否有意，因此陷入痛苦、彷徨、忧虑的状态；也有一些单相思者由于对倾慕对象一往情深，想得到对方爱情的心太过急切，在这种心理的支配下，常常会把对方的言行举止纳入自己主观需要的轨道来理解，造成对他人认知的偏差。

单相思者像是热情的火焰，而对方往往淡漠如水，这种“不平衡”很容易让单相思者陷入痛苦。另外，有些单相思者还在承受着来自自己心灵的道德谴责。比如，爱上了一个有男朋友的女孩，可能会觉得：“我怎么会有这样不道德的想法？”或者也可能觉得：“她为什么爱上他而不是我，是我不如他吗？”这些错误的想法都会将单相思的人抛向痛苦的深渊。

单相思是一种心病，反映着一个人的心理状态。单相思的人自卑感很强，虽然总是进行爱的自我陶醉，但当真正面对对方时，会表现出极度的紧张和不安，并且试图掩盖自己的真情，以致出现语无伦次、动作僵硬等状况，使对方感到莫名其妙。这样，往往引起当事者事后的懊悔。他们对相思的人怀有高不可攀的畏惧心理，尽管对现实的恋爱十分向往，却不敢轻易地向对方表白，生怕对方说出“不”字。

在这种情况下，他们将深情藏在心里，却又急切、焦灼不安地期待着对方的爱情吐露。长时间的感情压抑和失望，会加重他们的忧郁和苦闷，严重者会造成忧郁症，影响身心健康，影响正常的生活。

那么，单相思的人该如何正视这份渺茫的感情，从虚幻的遐想中解脱出来呢？方法有三：

1. 移情

将自己的注意力转移和集中到学习和工作上。当人处于极度的繁忙之中时，就会无暇顾及情感问题。

2. 倾诉

既可以把自己的心事告诉密友，让对方分享你的痛楚，也可以直接向意中人明白地表达爱慕之情。如果他接受你的爱当然是最好的，如果他找出种种缘由劝慰你放弃对他的爱，你就知道你们情缘已了，但交个普通朋友他是不会拒绝的，这样，你单相思的苦恼也可解除不少。如果他拒绝了你，你可以大哭一场，或大怒一场，这对你来说也是人生必经的一次磨炼和情感体验。美梦惊醒的那一瞬虽然痛苦，但你很快会发现这并非世界末日，吸引你的事情还会不断地出现。如果他漠视了你，不理睬你，你应该对自己说："他根本不懂得爱，一个完美的人怎么可能对别人的爱慕无动于衷呢？"当你尝试用批评的眼光去扫视你的崇拜对象时，会发现这也是一种非常有趣而且有用的体验。

3. 运用心理学上的贬值法

某些东西，由于人们对它的态度不同，其价值也不同。就单相思而言，你可以对单相思对象进行"贬值"，降低其在心中的地位，进一步摆脱对他（她）的依恋。也可以多想想对方的缺点，然后你会发现，自己心仪的对象原来也不是那么令人着迷，这样可以逐步消除对对方的迷恋。世上没有一样东西是万能的，最有价值的东西，比如自己爱得死去活来的对象，一旦给自己带来了忧愁，就应该让他（她）贬值，降低他（她）在心中的地位，进而摆脱对他（她）的依恋。这样，忧愁消除了，就能心境轻松、快乐地投入生活，享受人生的美好。

约拿情节：优秀男人撩妹的痛点

两个朋友上街购物，迎面走来一个相貌平庸、装扮没有品位的男人，搂着一个如花似玉，装扮时尚，有着天使般笑容的女孩。其中一人等他们刚一过去就说："那男的肯定是大款，把那女的给包了，那女孩看起来挺纯的，没想到也是一傍大款的！"

这样的对话或是类似的想法应该存在于很多年轻人心中。为什么"郎才女貌"的佳偶总是少数，而现实中的看起来并不般配的恋人却相处和谐？难道这真的是"女方图钱、男方图色"的结果吗？在看到这句话的时候，很多美女肯定会大喊冤枉。

这一点可能跟传统男人的性格有关，主动追求女人对他们来说也是一件非常困难的事情。有一位"剩男"在接受记者采访的时候很坦诚地说："每天在上下班的地铁上，至少可以发现2000个符合我心意的女孩，可问题是我不知道如何接近她们。"社会越来越开放，人们却越来越封闭，相对封闭的性格使很多人面对熙熙攘攘的人群无可奈何。

其实，在一些优秀男人的内心隐藏着一种约拿情节。他们自我否认、自我漠视，面对心仪的女孩选择退缩。约拿情结是指一种在机遇面前自我逃避、退后畏缩的心理。"约拿"是《圣经》里的一个人物。他本身是一个虔诚的犹太先知，一直渴望得到神的差遣。可是，当神终于给了他一个神圣的使命时，他拒绝了这个任务，跑掉了，并在此后不断地躲避着他曾经信仰的神。这种情结之所以发生，是因为环境给我们的心理造成了一种"我不行"的想法，当男人遇到一个各方面条件都很好的女人时，他们会表现出一种"急流勇退"的心思。

有人曾做过这样一个小测试：如果遇到一个你极满意的异性，你是否会主动搭讪，建立联系？答"会"的女人为55.7%，而男人们竟比女人们低5.7个百分点。可见男人在表达爱意时，比女人更胆怯。

自由走在大街上的女孩们，其实跟关在高塔里焦急等待王子的公主没多少区别。可惜的是，没有几个勇敢的王子会主动地拯救公主的孤独，因为他们把自己关在了城堡里，把自己关在了面子的铜墙铁壁里。当英俊的王子遇到美丽的公主时，他们会想：我是帅哥，用得着主动去追吗？如果追到了还好，如果追不到的话那多没面子，多掉价啊！我身边的朋友会怎么说？那些围着我的女人会怎么想？思来想去，压力实在是太大了，还是撤了吧。

事实上，漂亮女人经常难以结识更多的男人。多数男人因为她的容貌止步不前，认为她如此漂亮必然自视清高，必然拒绝自己，必然名花有主，必然傲慢势利……而狡猾的“青蛙”们并不这么想，他们十分清楚：在大多数情况下，漂亮女人其实很孤独，非常渴望男人的真爱。无须多言，仅此一点，就足以成为公主嫁给“青蛙”的缘由了。

第五章
情爱路上，把握性福平衡木

用坚实的心理堤坝拒绝婚前性行为

婚前性行为常使女人蒙受比男人更大的损失。尽管如此，还是有不少女人扛不住男友的甜言蜜语攻势，导致理性的防御阵地被攻破，其最终收获的往往不是幸福，而是苦果。因而，在汹涌的爱潮里，为了将来的幸福，女人要有“心计”，要自重自爱，不可一失足成千古恨。

下面的方法也许能够帮助女人筑起坚实的心理堤坝：

1. 防止在交往中的“好奇探秘”

好奇探秘心理，多见于年轻的少女。她们似乎不明白性行为、怀孕是怎么回事，不了解和男友单独在一起会发生什么情况，只不过朦胧地意识到“性”的存在。

她们认为和男友在一起会充满甜蜜感，因此，她们很少拒绝来自男友的呼唤，甚至不拒绝男友提出的性要求，直到怀孕流产才后悔万分。

2. 不要轻信男人

有些心地善良、缺乏主见的女人常常轻信男人。她们认为贞操十分重要，绝不应该轻易送给别人，可是，自己的男友非同一般，他对自己那么好，值得自己为之付出一切。她们为自己能得到男友的崇拜而受宠若惊，甚至为男友的甜言蜜语所陶醉、所诱惑，坚信其爱情的专一，经不住男友软磨硬泡，轻信其性压抑的苦恼。因此，当男友提出性要求时，担心拒绝会伤了男友的心，只好成全他。

未婚女人绝不能过分轻信男人，迁就他们的无理要求。

3. 不要听信男人的结婚许诺

大部分男人在向女人提出性要求之前，常以结婚作为承诺，这对女人来说，是十分有效的心理攻势。因为两个即将结婚的男女发生性行为，不过时间早晚而已。在现实中，男人最终兑现结婚承诺的只有50%，这点应引起未婚女人的高度注意。

4. 不能把性行为当作了解男人的手段

有些大龄女青年，感到择偶很难，因而对结婚持慎重态度。她们愿意与自己满意的男友在婚前性交，以了解对方的性功能。

在现代科学发达的今天，大龄女青年可以用婚前体检的办法来实现这一目的，把性行为当作了解男友性功能的手段确实不可取之。

5. 别以性作为对男人的回报

有些女人为男人的执着追求及柔情蜜语所打动，感激他的倾慕、爱恋之情，甚至是当他为自己或自己的亲属解决了困难或做出牺牲时，常常会于心不忍。因而，对他提出的要求感到盛情难却，就把满足其性欲望当作答谢其深情厚谊的方式。未婚女人切不可萌生这种心理。

6. 不要用性表达对男人的爱

有些女人认为男友符合自己的理想要求并对他爱之甚深，或自己的条件较男友差，在男友提出要她以实际行动来表达自己的爱时，常常献出自己的贞操来表示对男友的爱。她们以为这样能加固双方的关系，其实这种表示常常会适得其反。

未婚女人千万要有“心计”，爱的表达方式丰富多彩，性并不是最好的方式。坚守住女人最后的阵地，才能为未来的幸福打下牢固的基础。

婚前性，“床上”更是“创伤”

性生活应该是夫妻之间传播爱的信息的一种手段，是夫妻双方爱情的升华，是人们满足生理和心理需要以及繁衍后代的必要途径。人们在和谐的夫妻性生活中享受了极大的乐趣，这是健康的，正常的，必要的，它是夫妻双方的权利，为社会制度所认可，为道德和法律所保护。但是，如果把这事放在婚前做，对女性来说，就可能带来无尽的创伤。婚前性行为对女性是十分危险的，婚前性行为的禁果大多是苦涩的，性行为双方为了一时之快可能不得不承受终生的苦楚。它可能给女性带来以下不良的后果：

1. 给心理带来极大压力

婚前性行为的发生，有时是女性主动提出的，但更多是男性要求的，女性在事前事后心理状态大不相同，它给女性造成的心理压力如恐惧、自卑、冲突等接踵而来。调查发现，有27.3%的女性性交后怕怀孕，21.3%的女性很懊悔，21%的女性惧怕败坏名誉；在接受人流手术时，怕手术痛苦者48.4%，不敢告诉父母者17.3%，不在乎者13%；手术后怕产生后遗症者62.3%，怕失恋后不易再找对象者20.7%，无所谓者17%。

2. 可能造成受孕的严重后果

男女双方发生性行为的直接后果是怀孕。由于婚前性关系不是合法的关系，所以其孩子也没有合法地位，这会给女性带来很大的痛苦和生活上很大的困难。如果女性进行人工流产，会影响工作、学习，而且不利于身体健康。有些由于发生婚前性行为而致孕的女性，为了不让人知道，偷偷摸摸地去做人流，对健康影响很大。

3. 使恋爱关系出现不利于女性的发展趋势

在未发生婚前性行为时，恋爱双方是相互平等、自由选择的关系，可发生性行为之后情况则可能有所不同：

（1）双方吸引力逐渐减弱。原以为两性关系很神秘，现在变得“不过如此”，过去的光彩、魅力显得不夺目，不如以前了。

（2）女性再选择机会减少。有些男性在没发生性行为之前十分迁就女性，自女性委身于他之后，便产生“她再也离不开我了”“非我莫属了”的想法，对女性态度也不如从前了。也有些女性因把贞节已交给男人，唯恐被抛弃，于是对男方一再迁就、容忍，即使发现他有较大缺点，也可能将就成婚。

（3）男方对女方的猜疑开始萌生。男性总希望女友只信任自己，对自己开放，一旦与之发生关系，便可能开始猜疑女性：“她对别人是否也这样？” 若女性过去有过男友，这种疑心就会加重，或导致中止恋爱关系，或婚后生活不和谐。

4. 给婚后生活带来诸多不愉快

婚前性行为往往是在提心吊胆、唯恐别人发现的“犯罪感”心理状态下进行的，缺乏良好的性生活环境，双方不仅难以从中体验到性快感，反而留下了痛苦的性经验，容易造成夫妻某一方的性功能障碍，如性冷淡或阳痿等，导致夫妻性生活不和谐。

5. 会引起许多矛盾和纠纷

婚前性行为可能造成未婚先孕、背叛、怨恨、报复、受到惩罚等许多后果，也可能会引起某些意外事故。

婚前性行为没有法律保证，女方因被抛弃而受哑巴吃黄连之苦，就会对男方怀恨在心。婚后将此苦诉诸丈夫，丈夫可能因愤愤不平而找“负心汉”讨公平，造成纠纷、违法事件，甚至引火烧身，导致家庭不幸。

婚前性行为在一定条件下，可能导致犯罪，罪与错往往是相连的。“爱到浓时方生恨，恨到烈时方显狠”，有些人因感情问题犯罪是不由自主的，可真等犯罪以后再去后悔就来不及了。所以，婚前性行为不单单是个人的事情，还有可能成为社会问题。

恋爱不是追求性行为发生的过程，而是两人在思想上沟通和感情上融合的过程。恋爱就要发生性关系是人们对恋爱的误解，婚前性关系为将来女方可能的创伤埋下了隐患。

为了以后的幸福生活，女人保持清醒的头脑和明辨是非的能力很重要。在婚前矜持一些，没有坏处，它可以帮助你更清楚地辨别他是不是一个可让你依靠的男子。他是为一时之快，贪图朝夕温存，还是真心实意地爱你一辈子？这才是它最重要的作用。

发生婚前性行为是一场残酷的赌博，是拿自己的青春做赌注，拿自己的肉体做筹码，拿自己的感情去冒险，稍有不慎就会输掉自己的一生。

别说你的贞洁无所谓

很多时候，我们会搞不清楚这到底是一个什么样的社会。因为会有很多人跟你说“这都什么时代了，没人在乎你是不是处女”“这么大把年纪还是处女不是长得太丑、太胖，就是有问题”“以前的处女是仙女，现在的处女会让人害怕”“性和谐是很重要的”，就连广播里的女主播也说：“不发生关系，怎么留得住男人？”甚至网上还有女生公开叫嚣：“大学不同居的女人是傻瓜！”

也许，我们真的生活在一个很混乱的时代。令人惊诧的是，就连一些非常严肃的征婚网都变成了一夜情的天堂。难道成人之间就是用欲望来交友的？总之，各种思想的激烈碰撞让年轻的女人们陷入了巨大的迷茫、矛盾之中。

按照人的本能，性不该受到过于苛刻的压抑。先秦时期曾鼓励年轻男女在春天的时候外出野和，但是自封建伦理道德形成之后，女子的贞洁就被当作比生命还重要的东西，婚前性行为将受到非常严厉的惩罚。我们现在貌似生活在一个性开放的年代，似乎谁都可以恣意妄为，似乎用性真的能留住男人。

女人要相信，真正爱你的男人，不会在婚前用性作为衡量爱情深浅的标尺。

这个社会表面上很开放，骨子里却是很传统的。如果你问“哪里的人最在乎处女”，在全球范围内做一个调查的话，相信中国人肯定是排在前三名的。中国未婚男人可以在婚前“名正言顺”地和女子发生婚前性行为，或者“始乱终弃”，却不能容忍自己的妻子婚前“失贞”。

有的时候，男人的处女情结非常偏激，网上有一篇帖子这样写道：“非处女们，就算你说出一万个理由，把我驳倒了，但也只是驳倒了帖子。你改变不了‘非处女，绝对不娶’这个在男人心里根深蒂固的思想。

“非处，你会说：‘你都不是处男，凭什么要求别人是处女。’那么男人同样可以问一个问题：‘你自己都没有房子，凭什么要求你的老公要有房子呢？’你可能会说：‘因为我是女人，你是男人，所以你要有房子。’那男人也可以说：‘因为我是男人，你是女人，所以你必须是处女。’”

这就是有处女情结的男人的“强盗逻辑”。男人的感情和性欲，是分得很清楚的，他们对于自己爱的女人，重情重义，可是对于自己不爱的女人却只会玩弄和游戏。他们很少会因为和某个女人发生了关系就会爱上这个女人，也很少会因为继续和某个女人上床而对这个女人重新产生爱情。

不要心存幻想，妄图通过和自己喜欢的男人发生关系，而让这个男人爱上自己。女人们最好把男人的甜言蜜语屏蔽掉，理智对待贞操问题。如果爱，不妨明确告诉他，也要得到他一个明确的态度，不要用一种含糊不清的方式来界定你们的关系，也不要试图通过牺牲自己的身体来唤起这个男人的爱情。这一招，对男人而言求之不得，对女人却是徒劳无益。

时机成熟时，男人总有“龌龊”心理

一般来说，男人都会经历这样的痛苦：虽然与相爱的女人已经发展到了经常约会的地步，却总是忧虑要在什么时间、采取什么方式，才能进展到发生性关系这一阶段。甚至他们还会想到，届时采取什么方式才能使女人得到满足。

事实上，从初次约会开始，许多男人就会被这种欲望的纠葛和精神压力折磨。下面，我们就来分析一下男人与女人邂逅之后，是如何烦恼、如何不知所措，以及如何想方设法地策划行动方案，最终与女人发展到性关系的吧。

男人一旦喜欢上一个女人，一般采取的方式是：

第一步，邀请她吃饭或看电影。实现这一目的并不难，只要不是畏首畏尾或者过于清高的男人，都应该能在比较轻松的心境下对心仪的女人发出邀请。在女人应邀赴约之后，男人便会产生与之接吻并抚摸、接触对方身体等欲望。

第二步，接吻。在约会的时候，男人始终在考虑接吻的时机。通常，男人在怀有这种意图时，也会希望先了解女人的想法，同时尽力争取把他本人的好感传达给对方。

第三步，身体接触。不言而喻，身体接触的前提条件是相互持有好感、彼此信赖。在对这一前提确信无疑的基础上，男人会如何实施行动呢？一般来讲是延长约会时间，如提议再换一家餐馆用餐，或者到公园的僻静处休息一下等。一旦提出了这种邀请，你便可以推断，男人是别有用意了。

此外，一边饮酒，一边通过试探性地轻轻触摸对方的手，或者用膝盖靠近对方的膝盖等轻微的身体接触来确认对方的反应，也是男人惯用的技巧。在酒吧，面对吧台并排而坐也是一样，因为可以通过肩与肩的相互接触，试探对方的反应。如果你不想和男人过早这么亲昵，最好将手或膝盖抽回，不要给男人错误的暗示。否则，如果你没有表示明确的拒绝，男人就可能会进行他的最后计划了——明示或暗示要与你发生性关系。

总而言之，男人在用各种方法识别、判断着女人的诚意：是否愿意与他共进晚餐？能否接受接吻？能否接受亲密接触？能否最终“以身相许”？常见的情况是，在实施行动以前，男人已在模拟从当晚约会到最终收场的全部行动方案，推敲着何时、何地进行接吻、身体接触等行动计划。

但是，更多的情形是，男人已因精神上的良苦用心而疲惫不堪，又因遭受拒绝使自尊心受到打击，为了不再受到更大的伤害而宁愿放弃。之所以会这样，主要还是担心被再次拒绝，在特殊情况下甚至会导致性无能。所以，再度追求曾经拒绝过自己的女生，对男人来讲，实在需要相当大的勇气。

因此，在男人对你进行试探时，如果你有接受男人的诚意，就应该发出相应信息，而不仅仅是“默默地等待”，这会让你失去获得幸福的机会。反之，如果你对这个男人确实“不来电”，也最好在他初次“试探”的时候表明态度，而不要逃避，最终进入让双方都非常尴尬的境地。

调情，有声有色的催化剂

婚前要有对性的警惕，而在婚后，两性相处中，无论从哪方面看，女人的“卖弄风骚”绝对是煽情惹火，令男人兴味大增的事情。人是感情动物，适时适当地给予滋养，感情之树便能够常青。

过去的研究相信调情过程是由男性主导的。就像自然界里雄性对雌性求偶一般，男人在看到喜爱的女人之后，受内分泌驱动向她发出爱的邀请，企图在众多求爱者中拔得头筹，获得青睐。然而最新的研究显示，整个过程的主动权是在女性手里的。女性会对心仪的男性传递讯号，鼓励他对自己发动追求攻势。心理学家称这种动作为下意识的诱惑，其实就是一般所说的调情。

调情是爱情“有声有色”的催化剂，会调情的女人绝对是“性”力十足的女人。恋爱中的女人，若善用“调情”，将加速一段恋情的升温。

与男性独处时，不妨以小动作增加两人的接触：适时轻拍他的手背表示赞同他的意见，在他耳边细语，让你们的膝头不时相触。许多女人误以为感情稳定之后，就不再需要调情来增加情趣。其实适当调情不仅可以使你们重燃初识时的恋爱之火。专家建议，以下几点调情守则适用于任何时刻与地点，而且效果都好得出人意料：边深情凝视他，边伸舌轻舔上唇；或将中指轻触芳唇，来回摩挲，好像在品尝他的手指那般甜蜜；或靠近他，以胸部轻轻触碰他的上臂，伸出手以手指滑过他的后颈背，足以在短时间内使他的快感传输到骨子里；两人独处同行时，在他耳畔轻轻诉说对他的倾慕或赞美，甚至大胆说出情话……

精神医学家根据多年临床经验表示：对于男人来说，身体上的亲密接触往往比在心理上了解“被需要”更能增强他的安全感。所以，适时地对伴侣调情，能使恋情绽放出不一样的火花。

调情给恋情带来正面影响，而学习如何卖弄风情也有助于开发自我，使你克服胆怯的个性，更能享受亲密关系。

表面上看来，一个勇于开发自我的女人性感、活泼，在两性互动中如鱼得水，而在生活层面上，她不仅更加积极进取，也比较能够克服挫折与困难。

也许你会因自己没有傲人的胸围、窈窕的身材和妩媚的气质，不觉得你有与男人调情的潜力。其实，一位吸引人的调情者重点并不在于拥有美貌，而是展现自信与专注。专注的眼神与美好的仪态是最有效的调情手段。

就两性相处来说，坦承自己的性需要，让伴侣了解如何取悦自己，才能让两人更快速地到达感官愉悦的巅峰，这也是调情的功用所在。“让调情成为生活的一部分”并不是鼓励你做一只不甘寂寞的花蝴蝶，而是当你了解“卖弄风情”对于开发自我，乃至于经营两性生活的重要性后，自然就会将它内化为个人特色的一部分。积极开发自我能让你在两性关系上无往而不利，因为男人永远不知道下一步你会带给他什么样的惊喜。

从性的误区里走出来

无论如何我们得承认，性是维系婚姻美满的重要因素，女人一定要懂得这门微妙的艺术。但是，现实生活中，还有很多女性对性抱有一定的偏见或认识误区，如果不加以调整，对你的幸福无疑是一颗定时炸弹。

1. 性是肮脏的，令人羞愧

“食色，性也”，性是人类的本能，无所谓肮脏或丑陋，健康正常的女性都会有性欲，不必觉得羞耻。

2. 性爱是一种本能谁都会

性虽然是本能，但顺着本能走，不一定会有美好的性爱。伴侣双方不但要了解性知识，有时还要懂得性姿势，钻研性艺术，光靠本能是应付不来的。

3. 性爱是呆板的公式

没有固定公式，只有单方面发泄性欲，才会造就呆板公式，彼此花点儿时间讨论性生活，调整心态，把性生活的优先顺位提前，家事、公事、儿女事，再怎么忙，也要与配偶共度一个美妙的夜晚。别忘了，大脑是最重要的性器官，即使是老夫老妻，适时发挥创意，赋予性生活新鲜感，也有助于提升性生活激情指数。

4. 性爱应该由男性来主导

女儿家不胜娇羞的神态与迎合间的矜持，常令男人着迷，因此许多女性不自觉间把性行为的主动权交到男性手上。现代女性享有性爱自主权，何不放下身段，化被动为主动，主动放电求爱，挑起他的性欲呢？

5. 性爱等于性器官的接触

“性爱”，性和爱不分家，相爱的两人自然会想要有身体的接触，但如果没有心灵的交流，这种残缺的关系难以持久。

6. 喜欢性爱的女人都下流

性爱的极致就是灵肉合一，追求这种境界，没有性别之分。喜欢性爱没有罪，既然男性总是以性能力证明男性雄风，女性喜欢性爱，当然不是花痴，更不是下流。

7. 安静的性爱是一种教养

正常的生理反应，无关淫荡与否，也无关教养不教养。只要不影响他人，你完全可以采取你想采取的表达方式，高兴时有适当的声音表现非常自然。

上得厅堂下得厨房，可就是难上得床

有些女人在生活中是一位温柔体贴的好妻子，即上得了厅堂，又下得了厨房，可唯一难以启齿的一点就是：难上得床。

作为性功能障碍之一的性冷淡，又称性感缺乏或阴冷，是女性常见的性功能障碍。它主要表现为缺乏性欲，对性生活没有要求，甚至表示冷漠、不喜欢或厌恶，在性交时感到焦虑、不适或疼痛。

一个发育正常的成年女性，在身体内分泌的影响下，本能地对性生活有着向往和渴求。但是有这样一个触目惊心的数字显示，女性性冷淡的发生率约为30%～40%，也就是说，每三个女性就有一个性冷淡。这么高的比例，不禁使人产生疑问：难道这些女性天生如此吗？当然不是，古人云："食色，性也。"性欲同食欲一样，生来就有，只不过性欲是在性成熟后才能淋漓尽致地表达和释放出来。那么，为何有的女性会出现"性冷淡"呢？

一般来说，导致性冷淡的原因主要来自以下几个方面：

1. 过分抑制自己的性欲

受传统观念的影响，有些女性视性交为不光彩举动或不洁行为，因而尽量压抑自己的性欲念，即便偶然有之，也被扼杀在萌芽状态中。这样的女性，在性生活中往往是勉强应付或仅为达到生儿育女的目的。

2. 环境的影响

缺少一个有安全感的环境而使精神无法集中，或处在戒备状态下，性生活不敢放心地进行，慢慢造成性需求的淡漠。

有一对农村夫妇，自从搬到婆婆的隔壁屋居住之后不知不觉都表现为性冷淡。原来，婆婆与其住房仅一板之隔，老人家很疼爱儿子，每听到隔壁房有一些特殊声响时便敲隔板，要儿子早点儿睡觉，提醒他明天还要干活。自此，夫妻做爱时常常提心吊胆，生怕婆婆又要来敲板警告。不久，夫妻都感到性需求大不如前。

3. 情绪的影响

在某种情况下，激情受到了突然的冲击或冲淡，可能导致性兴趣降低。有一位女性反映，性生活时，丈夫动作十分粗鲁，当女方要求轻柔一点儿时，男的就极不高兴，说："这样还不行！"一气之下，中断性交独自到外屋喝闷酒。也有男性反映说，当自己情绪激动时，妻子常唠叨一些家务琐事，使其情绪冲淡了许多，性兴趣顿时荡然无存，久而久之，形成性冷淡。

4. 性生活方式呆板

一种方式十年八年，一成不变，而且每次同房都没有做什么准备工作。男方心血来潮后一泄了之，女方正开始有些兴趣时却又只能独听丈夫入睡后深沉的呼噜声，这种被遗弃感渐渐形成了对性的淡漠。

5. 缺乏性知识

这往往会导致女性对性交心存恐惧，害怕性交会产生疼痛。有的男性在新婚之夜不懂女性心理，动作粗暴急躁，很快达到性高潮并射精，女方却并未体验到快感，相反还感到不适或疼痛，甚至产生阴道痉挛。长此以往，就会对性生活表现冷淡。

6. 恐惧怀孕

有些女人担心怀孕，同时又无可靠的避孕措施，从而抑制了正常的性满足，这样也会造成性冷淡。

7. 感情因素

夫妻感情不和睦，互相不信任、猜疑或反感，无法产生性兴奋。

8. 没有快感

女方有过较严重的自慰习惯，婚后性交时快感不够强烈，或者男方有阳痿、早泄等性功能障碍，女方长期得不到性满足，也会造成性冷淡。

9. 对性器官厌恶

女人觉得自己的性器官奇丑无比，因此会产生对性的幻灭。这种认为性器官丑，就和认为性行为很痛苦的观念一样，会使许多女性拒绝接受性生活。

10. 工作压力大

女人因工作太累，身体常常疲惫不堪，体力不支。因此，她就会下意识地拒绝夫妻性生活。

无论何种原因，“性冷淡”已然成为一种社会中普遍存在的心理疾病，而这一女性占大多数的心理疾病的产生，必定直接影响整个家庭的稳定性。因此，作为妻子，要正视这一问题，采取积极措施，而不能一味地消极抱怨。

偶尔做个小野猫也未尝不可

爱情需要时时更新、生长，才具有长久的吸引力。夫妻之间的性生活，也需要不断注入新鲜的内容，才能使性生活乐趣长存、精彩纷呈，发挥“婚姻稳定黏合剂”的功效。

在传统的性生活中，男性完全占据主动地位，而女性只能处于被动。在这样一种结构中，男性不单能够从性生活中得到快感，也能从主宰权的掌握中体会到男人的自豪；而女性虽然也能得到生理上的快感，却很少有参与性生活的意向与乐趣。为了达到性生活的协调，这种传统的结构必须改变，男女双方都可以采取主动，尤其是女性反传统的主动行为，更易于带来性生活的新变化，也更容易使自己和男性在新变化中获得更新更强的快感。

经过半年的热恋，浩和女友喜结良缘。婚后过性生活中浩发现妻子对这方面好像从来没有主动过，每次都是自己要求的。他想：难道她反感性生活吗？为了让妻子也享受性生活的乐趣，他开始有意识地刺激妻子的敏感部位，不想妻子却推开了他的手。他以为妻子只是害羞，于是笑笑对妻子说：“我这样做是为你好，你慢慢会习惯的。”温顺的妻子望着丈夫点点头。

此后，每次过性生活，浩都这样做。然而每次妻子都会不由自主地皱起眉头，一副欲言又止的样子。终于有一天，妻子鼓起勇气对浩说：“你不这样行吗？”

“你不喜欢？”浩觉得好生奇怪。

“我觉得很不舒服，就像医生检查沙眼时，翻开眼皮手指碰到眼里那种感觉一样。”

“是吗？你怎么不早说？”原来，两年来妻子一直在忍受这样的痛苦，真是太糟糕了。

从那以后，浩总会主动询问妻子有什么感觉。在他的帮助下，妻子也开始学着提示丈夫该刺激哪里和动作的速度、轻重缓急等，有时候还会主动要求性爱。每当那时，浩就会兴奋不已，夫妻俩生活和谐。

很多男人这样抱怨他的妻子：“我很不喜欢我妻子的冷漠，她从来不向我暗示，每次都要我先提出要求。这让我觉得自己像个侵略者，而且还可能被她拒绝。”“我觉得非常拘束，我妻子从不会热情对我，总是等我去拥抱她，有时候我明知她有那种欲望，但是她偏又那样矜持，这让我觉得很累。”过于被动的妻子让男人觉得拘束，觉得被戏弄，被操纵，因而感到很气愤。

在性生活上，妻子们要学会主动。这不仅仅是对夫妻感情的一种经营，就丈夫而言，妻子的主动会满足他被需要的心理，让他产生一种特别的成就感。

女人们为什么会这样被动呢？可能与教育有关，从小就被教育不能向男孩子表示自己喜欢性爱，否则就会被对方轻视或鄙弃。于是，女人们逐渐压抑自身的欲望，不希望别人觉得自己太随便、太淫荡，对性的知识也不能知道得太多。

其实，这是一个很大的误区。恰恰与事实相反，大多数正常的男人都希望有个能够与自己共同享受性爱乐趣的伴侣，由女性带动才能让他更自在地表现自己的性欲。

女人被动也有可能由于丈夫未能满足她，甚至造成痛苦，这时应当向丈夫说明，请他配合。假如没有效果，就去请教性心理学家或婚姻专家，他们可以帮助你们沟通。

还有一种被动的原因是性冷淡。因为是性冷淡，所以难以享受性爱的欢愉，进而远离性爱。这样的妻子最好向心理医生寻求帮助，找出性欲闭锁的原因。

总之，女性对性有一个客观的认识，是解决这些问题的最佳方法。向你的丈夫显示你性感的一面，让自己尽情享受性爱的快乐，勇于告诉丈夫你的欲望，让他兴奋，让他享受高潮，你们的性生活才会更美满。

第六章
失恋之后，忘记是种心理能力

失恋是一杯苦酒

失恋，对于任何人来说都是一杯浓烈的苦酒，会在其灵魂深处烙上深深的伤痕，这种心理隐痛甚至会伴随其整个生命旅程。

恋爱者在恋爱过程中，心理上形成了一种爱与性的臣服感，进而产生一种依托和欣慰感。失恋后，这一切不复存在，可使之产生较为严重的心理危机，陷入痛苦绝望、羞愧悔恨等不良情绪中。

失恋者的一般心理表现为：

1. 悲伤、痛苦、愤怒与绝望

有的恋爱者在失恋以后，在情感上首先会产生极大的悲伤和痛苦，随之而来的是愤怒和绝望。在这种强烈情绪的支配下，如再有外界的刺激因素，如旁人的煽动或恋爱对象的激发，都很可能产生鲁莽的异常行为，比如自杀殉情等。

2. 强烈的报复心

这种心理通常发生在一些感情受到欺骗、受到玩弄的失恋者身上。他（她）们为了宣泄自己的愤怒和不满，可能采取非理智的极端行为，如对恋人毁容甚至杀害等。也有的破罐破摔，干脆以自己的沉沦来报复社会和他人。

3. 强烈的自卑感

有的失恋者因自尊心受挫会生发强烈的自卑心理，有的甚至从此关闭感情的闸门，拒绝爱情，从而一蹶不振，性格变得孤僻、古怪，严重者可能产生自杀意念。

4. 迁怒于他人或事

失恋后，有的人极易将消极的情绪迁怒于他人或事，表现为易动怒，对一切异性都有一种莫名的仇视心理，干任何事都不顺心，容易发怒、发脾气，即使对好友亲朋也是如此。这种无端的迁怒常常会导致偏激行为，影响失恋情绪的平息。

失恋后，不同的人有不同的心理反应，一般有以下几种类型。

1. 理智型

失恋后能冷静、理智、客观地分析失恋的原因，对自己、对对方不盲目仇恨，不施加压力，不自暴自弃，并能注意失恋后的心理调适。生活中大多数失恋者属于此型。

2. 痴情型

失恋后对原恋人的情感不减，仍纠缠于往日的情感纠葛之中，产生严重的失落感和抑郁情绪。这种心态有时会影响身心健康及日后婚恋问题的处理。此型多见于相爱时间较长或一方对另一方十分痴情迷恋的情况。

3. 自责型

失恋后封闭自己，陷于孤独压抑、羞愧悔恨的情绪中难以自拔，自我沉沦，自我惩罚，自暴自弃，甚至产生心理危机。例如，曾有位女大学生因轻信其恋人而委身于对方，却又被其抛弃，感到无地自容，痛不欲生，几乎酿成悲剧。

4. 攻击型

失恋后不少人会产生一种仇恨心理，这种仇恨大都埋在心里，会随着时间的推移而逐渐消失。但倘若仇恨心理过分强烈，没有恰当调整，则可能导致报复心理和行为的产生。这种情况多见于被欺骗、被玩弄后的抛弃者，也见于占有欲强、心胸狭窄、报复心强的失恋者。失恋后的攻击程度不等，轻者，散布流言蜚语，对对方进行人身攻击；重者，不择手段地进行报复，伤害对方的肉体，甚至导致毁容、致残、杀害。现实生活中，因失恋而报复对方的事例层出不穷。失恋后的报复心理和攻击行为有时还会泛化为针对所有异性。

5. 升华型

有的人失恋不失志，正视挫折，净化痛苦，从失恋中吸取教训，并不断完善自己。同时，在失恋中崛起奋发，化痛苦为动力，去追求情感的升华、事业的成功。歌德失恋后写出《少年维特之烦恼》而名垂青史便是一例。

失恋是痛苦的，但对一个有抱负的理智的人来说，它是可以解脱的。爱情是双方的事，只可追求不可强求，“强扭的瓜不甜”，明明情意不合，与其勉强凑合，日后痛苦，倒不如早日分手。“天涯何处无芳草，不愁他路无知音”，只要努力做到失恋不失德、失恋不失志，用理智的堤岸去调节情感的波涛，那么爱神的利箭总有一天会射中你和“她（他）”的胸膛。

全身而进，全身而退

爱情，就像两个人在拉皮筋，疼的永远是后撒手的那个。女人，当爱情已经变味，又何必执着？风过了就过了，他走了就走了，一切已经无法回头，何必再想，何必苦苦哀求？更不要向他报复，要知道，你的幸福才是对他最大的报复。

爱情之所以美丽，正因为它是自由选择的。他爱你的时候是真的爱你，他不爱你的时候也是真的不爱你。这是他的自由，这是他的选择。女人的人生，不必为他人的自由选择背负责任，你有你的自由，你有你的选择。当爱已远走，何必强留？

一个女人，静静地坐在化妆台前细致地描绘自己的妆容，一个朋友风风火火地推门进来，满脸掩饰不住的惊慌：你的丈夫和别的女人私奔了。

她的脸一下子白了，拿眉笔的手一抖，眉毛有点儿斜。她对着朋友挤出了一个微笑，接着画自己的眉毛。十几分钟后，她走上了舞台，脸上带着一如既往的灿烂微笑。在舞台上，她和观众互动，说着轻松的笑话，让观众十分开心。回到后台，她静静地卸下妆来，仍旧没有淌下一滴眼泪。

这个女人，就是创立了羽西化妆品的靳羽西，婚变并没有击垮她的意志，反而激发了她的干劲，创造出无限精彩的人生。无论她走到哪里，都是笑意盈盈的。

当他离去，你不必一边哭泣，一边埋怨自己“他不要我，只是我不够好”，这只是一句蠢话，并非事情的症结所在。或许正是你的好，让他备感压力，从而心生去意。他觉得与你在一起不能彰显他的强大，他深深地感到了疲惫，渴望挣脱你的阴影。在如今这个“她时代”，“弃妇”本身已没有那么严重的悲剧意义。做“弃妇”不可怕，可怕的是被抛弃后一蹶不振，终生潦倒。面对感情的变故，女人要做的就是不动声色，继续生活。

爱情不是单行道，一个人的爱情不是爱情，爱情要在两个人的共同呵护下才能绽放出美丽的花朵。如果其中一人心生去意，这朵爱情之花必将凋谢。相较男人而言，女人更痴情，更脆弱，也更容易受伤害。在爱情破产之后，女人再怎么恒久地期盼和等待，也只能换来更深的痛苦和寂寞。既然心已走远，弥补和挽留又有何用？还是将目光朝向未来吧，前面路上还会有鲜花和希望，多给自己一次机会，你会发现风景这边独好。

在感情的世界里，全身而进，也要全身而退。当爱情来临，不要怀疑，全身心地投入幸福的甜蜜之中，当爱情之花凋零，亦要坚决地抽身离去。别去恨他，因为恨也需要力气，对于一段无可挽回的往事，何必再耗费你的力气呢？不如潇洒地和过去挥一挥手，道一声别，留给对方一个昂然的背影，自己向着前方的阳光走去。

即使受过伤，也要保持对幸福的憧憬

这是一个快餐式恋爱的时代，随着汹涌的恋爱潮流，不少曾受过爱情伤害的女人正处于矛盾之中。有人一朝被蛇咬，十年怕井绳；有人视爱情为生命，要将爱情进行到底，究竟选择哪种生活方式才是明智的呢？

生活中，有恋爱，就有失恋。在我们真正找到自己的另一半之前，一般会经历3～4次失恋。女人不能因为过去失败的恋爱经历而对恋爱怀有恐惧感。先了解对方的人品性格、情感好恶以及今后的打算，特别是要了解清楚彼此是否情趣相投、志同道合，气质性格和价值观念是否相合，如果符合自己的要求，双方产生感情，在此基础上相处才能心心相印，才能美满幸福地步入婚姻的殿堂。

同时，要树立正确的恋爱动机。恋爱的重点应放在情趣相投、志同道合方面，这样的感情才是炽热而持久的。只有彼此的婚姻建立在真正的深厚的爱情基础上，才能使生活更充实、更幸福。那些建立在实惠和金钱交易关系基础上的恋爱是不牢靠的。

因此，恋爱必须以正确的婚恋观为前提，以真挚的爱情为基础，双方要做到相互尊重、信赖、谦让、忠贞、理解。

有一位女士讲述了她幸福的再婚故事：

曾经有朋友好心地提醒过我，再婚夫妻的爱情，不是那么轻而易举就可以得到和保有的。可是我和老公都认为，只要双方努力去做，爱情就能够在互动中进入一个良性循环的轨道。

再婚家庭两大矛盾，一是经济问题，一是子女问题。可是经过我们俩的努力，这两个矛盾都没有发生。我们再婚4年以来，一家人其乐融融。

在经济上我们“各自为政”，但花钱给对方买些东西已经变得很平常了，这是我们表达感情的需要。有时候，我们在外面吃饭，老公总是抢着埋单，后来我们约定：轮流埋单，埋单的不许点菜。他张罗埋单时，我只点两菜一汤，吃着顺口的回家就照着做，虽然各自为政，但彼此都为对方着想。

我很快进入了妻子的角色，把家务都尽我所能地担起来，该添置换季衣服了，我和老公带上女儿，3个人一起奔向商场，精心挑选一番后，大包小包，满载而归，很大程度上促进了我们夫妻的感情。

曾经沧海之后，他和我比任何人都懂得平凡夫妻的幸福来之不易。如果别人问我们，我们反复提到的两个词就是——珍惜和志同道合。

这位女士的再婚是以爱情为基础的，并且他们懂得珍惜，所以能够得到幸福。这里说的虽然是再婚夫妻的相处，但对于失恋之后再次遇到爱情的人来说，道理是一样的。

有些女人在恋爱失败后，会产生以下几种心理：

1. 藕断丝连心理

如果第一次恋爱时双方感情较好，因一方有了外遇或别的原因而分手，虽然没有关系了，但还是会思念对方。当第二次恋爱生活或感情不满意时，就会想起过去的美好，藕断丝连。

2. 对比心理

由于对第一次恋爱不满意，再恋爱时就会想出明确目标，把新男女朋友的缺点拿来跟前任的优点比，这样很容易产生失望情绪。

以上所说的两种心理状态，是每一位恋爱者都需要努力去克服的，如果你存有这些心态，很可能就为你的恋爱生活埋下了不幸的伏笔。失恋之后，一定要花一些时间调整好自己的心态，不要急于找下一个恋爱对象，而是要给下一次恋爱找个正确的理由。

女人，即便被爱情伤害过，也不要失去对爱情的憧憬，要相信月老总有一天会把属于你的红线放在你手中。

不要为“打翻的”爱情哭泣

有一位哲人这样说过，“爱情充满了蜜与毒”。爱情让人们尝尽生活的甜蜜，体味人生的绚丽。追求浪漫情感的人总是容易受到感情的支配，容易深陷进去，拿得起放不下，很容易受伤。一旦恋人失去了激情和兴趣，选择结束这段感情的时候，感觉被抛弃的一方便会非常痛苦，感觉生活一下子没有了目标，不知道往后的日子该怎么熬。的确，失恋的日子，可谓“度日如年”。

失恋的人总喜欢把自己封闭起来，任凭自己沉浸在悲痛之中，别人的劝慰一律不听。觉得自己是当事人，自己最清楚自己的痛苦，没人能够真正理解自己的心情。他们往往会对爱情丧失希望，对爱情的前景心灰意冷，把自己的心用厚厚的警惕包裹起来，用行动证明着“一朝被蛇咬，十年怕井绳”。

失恋的人习惯了放弃自我，用不吃不喝不睡“虐待”自己。在他们看来，没有了爱情，生死也就无所谓了，于是摆出一副视死如归的模样，好像自己的生命不经过一番摧残，就体现不出恋爱失败后那种无上荣光的悲壮来，好像自己没有爱情，就到了世界末日。曾设计好的生活秩序被打乱了，生活没有了方向感；没人陪着一路喝彩，目标就显得不那么重要了；亲人的期望，自己的理想，都被抛在脑后，似乎只有方寸大乱，醉生梦死，才对得起自己付出的真情。

生活中有许多人永远都在为那份失掉的爱情哀伤不已。其实，无论是谁跟自己喜欢的人分手都不可能不痛苦，但大可不必搞得那么轰动。哭闹、疯狂并不能帮你挽留已经死去的爱情。既然如此，何不洒脱一些，放手让它静静地枯萎。此花谢处，也许彼花正开。你还有爱的能力，未来还有希望可追。

如果感到对方去意已决，何不接过主动权，先提出分手。在心理上占优势，分手之后也会减少痛苦。

除了接受别人的安慰之外，也要学着调整自己的心情。失去他也许正是一个自我转型的好时机，过去你习惯了按他的喜好做事，现在你可以随心所欲地做自己喜欢的事，不必再顾及他的胃口，不再需要对他让步，不再担心说错话做错事会影响两人的关系。向那个属于他的自己说声再见，从今天起做回自我，还可以重新品味被追求的快乐，那可是另一番幸福的滋味。

生活中没有十全十美，好男人也不是唯一的。失恋的人，不要再为“打翻”的爱情哭泣，崭新的感情世界并不比过去差。失恋的时候，最应该做的就是提升自我价值与信念，一个焕然一新的价值观与信念才能提供感情世界所需要的勇气、自由和开朗，才能迎来新的恋情。

爱你，但我可以没有你

在面对分手的时候，脆弱的女人常常乞求对方：“我爱你，真的不能没有你。”

其实并不一定是不能没有对方，而是考虑到一旦失去对方以后，自己曾经付出的感情没有了，自己的苦心经营也都白费了。所以，面对分手，更多的痛苦不是来自对方，而是在于自己。没有谁离开了谁就活不了，两个人本来也是从不同的地方走到一起的。

小尚说自己一直是痴情种子，跟佳宁恋爱6年，从来都没有想到过放弃。大学的时候，两个人不在一个城市，有时半年都见不到一次。周围的姐妹都忙着打扮约会，小尚只能孤零零地躲在被窝里看小说。即使是这样，小尚也从来没有抱怨过，每次接到佳宁的电话，她都觉得自己很幸福。

转眼毕业了，两个人都期望能够分到一座城市，可是造化弄人，佳宁南下，而小尚成了北漂一族，两个人的爱情再次受到了考验。虽说距离产生美，但是对于爱情来说，距离未必就是美，有时候两个人说着“再见”，有可能就是“再也见不到了”。一年后，佳宁向小尚提出分手，两个人的爱情就此终结。

小尚说，跟佳宁分手的日子，是她有生以来最难过的日子。她每时每刻都能回忆起两人在一起的点滴，就好像拿着一台显微镜，以前一点点的甜蜜也能成为回忆里最大的幸福，可幸福过后，就是一阵难忍的疼痛。她始终不肯相信分开的事实，即使是自欺欺人，她也希望能够维持一种幸福的假象。可是，现实太过残忍，即使自己再怎么伪装，都无法改变既定的事实。

后来，小尚逐渐接受了现实，习惯了一个人吃饭、一个人逛街、一个人散步，生活好像又回到了和佳宁认识以前的日子，有一种久违的亲切。她在日记里写道：“两个人的甜蜜固然值得回味，但一个人的生活其实也别有一番趣味。任何时候，都不能保证总有人来爱你，所以，我要学着一个人快乐地生活。”

两个人在一起的时间越长，分手以后越觉得自己吃了亏，心里也就越痛苦。一个人一旦动了真情，即使明白分手以后会遇到更好的选择，也宁愿守住现在。因为分手不是在割舍对方，而是在割舍自己，割舍自己曾经投入的岁月和真情。

其实，生活就是有人来有人去，人生中的每个阶段都会有很重要的一个人，他们陪伴你的时间或长或短，但每个人都能够滋养你的生命，他并不是唯一，只是许许多多人当中的一个而已。

痛苦如浮云，时间总会将所有的忧伤带走。即便面对失恋，我们也完全可以对那个男人说：我爱你，但我可以没有你。

当爱搁浅时，请不要悲伤

少男少女踏进青春的门槛时，自然会对异性产生好奇与爱慕。最初的爱情往往都是这样美好而单纯，然而就是因为单纯，所以它也格外脆弱。它往往是迫不及待地开始，经过短暂的激情后很快搁浅。女孩们，如果你的爱在无望中结束，请不要悲伤。

一个清秀的女孩失恋了。她来到当初自己与前男友约会的公园，伤心地哭了起来，非常悲伤。很多人看她伤心的样子，都耐心地劝导她、安慰她，可别人越是劝导她、安慰她，她越觉得自己很委屈，她不明白为什么男孩不再爱她了。渐渐地，她的悲伤变成了不甘，又由不甘变成了怨恨：她不甘心自己的爱不能换来同样的回报，她怨恨他太狠心，太无情。她越哭越悲伤，难以遏止，陷于强烈的失落、自卑和悔怨中不能自拔。

一个长者知道她为什么而哭之后，并没有安慰她，而是笑道：“你不过是损失了一个不爱你的人，而他损失的是一个爱他的人。他的损失比你大，你恨他做什么？不甘心的人应该是他呀。再说，他已经不爱你了，你还要伤心、怨恨，还要让这份失败的感情来阻碍你今后的生活吗？”女孩听了这话，恍然大悟。她慢慢擦干泪，决心重新振作，投入新的生活。

是啊，当爱情远去的时候，我们要尽力挽留；当我们无法挽留的时候，最好的处理方式，就是忘掉，忘掉以前的愉快和不愉快。因为任何好的或不好的回忆，对于失恋者都是一种灵魂的刺痛。

当我们学会了忘记时，才能真正解脱，才能学会宽容。有人说，经历了真正的爱之后，人才会成熟。不论结果如何，只要我们真心付出过，坦诚地对待过，就不会有什么后悔的地方。成熟的心智，才会产生成熟的感情。青涩年华产生的爱情，单纯而无比美妙。但是，它通常很难经得起岁月的考验，很难历练成恒久、深沉的真爱。就让那些过去成为美好的回忆吧。

我们仍然年轻，还有很多时间和机会去寻找爱，重新去爱。我们有理由相信，总有一份爱在未来的日子里期待着我们。因此，当爱搁浅时，试着放开你的手，也放松你的心灵吧。

卢梭的《忏悔录》里讲到了他的恋爱故事：

卢梭11岁时，在舅父家遇到了大他11岁的德·菲尔松小姐，她虽然不是很漂亮，但她身上特有的那种成熟女孩的清纯和靓丽深深地吸引了卢梭，而她似乎也对卢梭很有“好感”。很快，两人便像大人般轰轰烈烈地恋爱起来。但不久卢梭就发现，她对他的好只不过是为了激起另一个她偷偷爱着的男友的醋意——用卢梭的话说，“只不过是为了遮掩一些其他的勾当”时，他年少而又过于早熟的心便充满了一种无法比拟的气愤与怨恨。他发誓永不再见这个负心的女子。

20年后，已享有极高声誉的卢梭回故里看望父亲，在波光潋滟的湖面上，竟不期然地看到了离他们不远的一条船上的菲尔松小姐。她衣着简朴，面容憔悴，双眼暗淡无光。卢梭想了想，还是让人悄悄地把船划开了。他写道：“虽然这是一个相当好的复仇机会，但我还是觉得不该和一个40多岁的女人，算20年前的旧账。”

不论是谁在遭到自己最爱的人的离弃和愚弄后，那份悲愤与怨恨都是不难想象的。可是为什么重逢之际，当初那种火山喷涌般的怨怒与报复欲没能复燃，却要情不自禁地用一颗同情的心体谅对方？对曾经负情之人再伸出温情之手去拉她一把或选择悄悄走开，这说到底，还是爱。

因为，他们曾经真正地爱过，痛过。那份爱，深入骨髓，温暖过他们的心灵和生命旅程。时间的流水可以带走很多东西，诸如忧伤、仇恨，但永远抹不去最初的那份爱恋在心灵上留下的温馨、美好与感动。那份爱，已如磐石，无法撼动。

没有人会为了收获仇恨而去播种爱的种子。即使不能相爱，即使曾经爱过的人伤害过我们，我们也不该因爱成仇。

第七章
婚姻是万里长征，在过程中修炼自己

价值观埋下的不安隐患

27岁的时候，陆飞还是单身，家里人都很着急，便到处托人给陆飞介绍对象。后来，陆飞经不住家人的催促，经人介绍和杨小云见了面。

此后的相处中，陆飞对杨小云并没有什么特殊的感觉，两人也没有多少共同语言。但因为彼此条件合适，为了早日组建一个家庭，也为了实现父母的愿望，陆飞抱着尽一种义务的心理和杨小云结婚了。

虽然结婚时陆飞和杨小云没有多少感情基础，但陆飞的想法是婚后也可以谈恋爱。可结婚后的现实是，他们并没有朝着和谐的方向发展，而是越来越不合拍。陆飞和杨小云之间的差别是那么大，几乎没有任何可以沟通的地方。陆飞喜欢看书学习，杨小云一点儿都不支持，她觉得看书学习不当吃不当喝，一毛钱也挣不回来，不是个正当过日子的样子。为此，他们发生过很多次争吵，结果都是不了了之，没有任何沟通的可能。

杨小云是个非常小气的女人，而且对陆飞的母亲并不孝顺。由于陆飞的父亲去世早，结婚后母亲和妹妹便和他们住在一起。为了老人的事，陆飞和杨小云不知吵了多少次。有时候陆飞自己偷偷攒钱给母亲买点儿东西，还得说是妹妹买的，怕杨小云知道又跟自己吵架。

在性生活方面，杨小云也不太配合陆飞。每当陆飞有性需要时，杨小云都说自己累了。陆飞知道她的工作性质，一开始都依着她，可后来她总是找各种理由拒绝，夫妻俩一个月最多只有一两次性生活，而就是这仅有的一两次杨小云也总摆出一脸痛苦的模样。

后来，他们的儿子出生了。那时陆飞的单位开始走下坡路，于是他办理了停薪留职，在家带孩子，杨小云还是在原单位上班。没了工作的陆飞没有放弃学习，而是报了自考提升自己。陆飞的学历不高，学习的困难可想而知，但是他一直坚持，最终取得了自考本科学历。

陆飞是个非常注重精神生活的人，而杨小云和他相反。在陆飞的学习和爱好上，杨小云从未给过他任何关心和支持。生活中的种种不如意让他们经常吵架，陆飞因此写过离婚协议书，但大家都劝他不要离，两个人过这么多年不容易，再说还有个儿子。于是，为了孩子，两个人一直凑合着过。

陆飞的母亲去世后，妹妹也结婚离开了家。家里的房子多，陆飞和杨小云就开始分居，平时都是各做各的事情，就像租了同一套房子的两家人。

陆飞初为了义务而结婚，和杨小云之间不存在爱情，婚后两个人的个性、爱好等都存在极大的差异，幸福生活从何谈起？

想要得到真挚的爱情，建立幸福的家庭，恋人之间相互观察、了解乃至考核，都是有必要的。只有经过多方面观察、了解、考核，才能认识对方的本质，并由此判断能否与他（她）共度一生。

妥协和让步，是婚姻中的美德

两个人每天生活在一起，难免有摩擦。夫妻之间的忍让是一种宽容，这种宽容比理解更难做到。

有一对夫妻结婚才刚满一个月，却已大吵了13次，打了7次架，比恋爱时还要多出3倍。妻子很苦恼，于是对丈夫喊着：“你说，叫我怎么跟你过一辈子？”她终于向丈夫提出离婚，那天是个晴朗无云的好日子，在她说出“离婚”二字时，天高气爽，万里无云。

“我们到婚姻登记处办手续吧。”她说。丈夫窝在沙发里看书，一句话也没回答，只是抬头看了一眼妻子，再低头看那本半天看不完一页的书。妻子提高嗓门又说了一次："我再说一遍，离婚！你别以为我又是在闹情绪，我已经考虑很久了，我们别再互相折磨了！"说着，她拿出了先前准备好的离婚协议书，递到丈夫面前。他愣了一下，被妻子的有备而来吓着了，沉默了半晌，脸色渐渐凝重起来，呼吸也明显加重了，过了好一会儿才挤出两个字："不签！"

妻子把离婚协议书收回，又拿出一份打得工工整整的正式文件：婚前财产登记表。丈夫顿时又傻了眼，妻子一步一步地把丈夫逼进了死胡同。她知道丈夫真的紧张了，双眼只盯住表格的某一点，手上的书轻轻颤抖着。

妻子觉得很满意，这就是她要的效果。丈夫在妻子咄咄逼人的威吓之下，终于开了口，他说："这样吧，我们让上天来决定好不好？如果今天晚上12点之前不下雨，我答应你，要我签什么字都行，而且房子归你；如果12点之前下雨了，我们就和好如初，不再提'离婚'这两个字，好吗？"

丈夫的提议出乎妻子的意料。她逐字逐句地推敲丈夫的话，怕里头藏着玄机，仔细研究了半天，她想，天气这么好，怎么会下雨？白痴才不敢打这个赌，于是她点头答应。晚上，她躺在床上，不知不觉回忆起过去和丈夫的恩爱、甜蜜的日子。他其实是个好丈夫，两人的争吵，多数是自己无理取闹。想着想着，心里忽然骚动起来，看着窗外月朗风清，天气真好！她内心深处纠缠着一个个理不清的心思。

看看手表，已经11点多了，秒针仍在一跳一跳地走着。她再也坐不住了，披上衣服走到窗前，盯着毫无动静的夜空，莫名其妙地焦急起来。再看看手表，11：30。

都怪那个家伙，人家耍脾气说要离婚，你说两句好话哄哄我不就行了？干吗要打这个赌？明知天气那么好，不可能下雨，分明是他自己想要离婚，好不容易逮到机会了吧？她越想越委屈，想得都快要哭出来了。

忽然，窗外屋檐上"嗒！嗒！嗒"轻轻地响着，分明是水滴声——真的下起雨了！她的心情立刻由冷转热，高兴得差点儿要放声大叫。可是，奇怪！这雨好像不大对劲，一会儿紧凑，一会儿稀疏，再走到客厅开窗一看，咦？这边怎么没下雨？

她蹑手蹑脚走上楼顶，眼眶不禁湿了。只见丈夫正从水桶里舀起水，小心地浇在卧室窗户的外边，让往下滴落的水形成人造雨。看到这一幕，妻子什么话也说不出来，悄悄地回到床上，在淅淅沥沥的“雨声”中甜蜜地睡去。

在现实生活中，年轻夫妇一赌气就嚷着要离婚的现象太普遍了。尤其是女孩子，在结婚前5年，尚在适应婚后生活的阶段，女性的脆弱、伤感兼任性，常使她轻易将“离婚”二字脱口而出。做丈夫的千万要沉住气，别跟她你一句、我一句，那只会把事情越闹越大。

像上面故事里的这位丈夫，他用的方法是“一切尽在不言中”，这可比吵来吵去高明太多了。结了婚的男女，需要一段时间来适应婚姻生活的现实面，这时候可说是婚姻的适应期。随着时间的推移，彼此间的个性经过不断的磨合、修正之后，会达到一种妥协式的认同，并接受彼此的差异存在。那时，女人也就会慢慢地将挂在嘴上的“离婚”二字抹掉了。

很多夫妻都是在离了婚以后才感到后悔和懊恼，当初只要稍微让一小步，就什么事都没了，不必付出如此惨痛的代价。所以，请不要轻易说离婚，“忍一时风平浪静”，就算有什么不愉快，又何必太计较呢？

吵架是一种很好的排毒工具

有人戏称，夫妻间吵架，就像女人的生理周期，每月来一两次才正常。吵架是对情感中蓄积的不良情绪的一次释放，好像婚姻的“安全阀”。偶尔吵架的婚姻更稳定，相反，从不吵架的夫妻，因繁杂的情绪长久积累，反而会使婚姻“超载”，有翻车的危险。

的确，里里外外十全十美的婚姻不是没有，但是极少，身处婚姻中的男女没有必要将生活中的吵架当作一件多么了不得的事情，甚至因此认为你们的婚姻进入了危机，要以一颗平常心对待彼此的分歧和争吵。要知道，和谐的婚姻，并不在于两个人完全没有争吵，而在于争吵发生后，如何处理与面对，这是婚姻生活中很重要的一门学问。夫妻之间争吵应遵循以下原则：

1.争吵时先处理心情，再处理事情

夫妻吵架往往不在于谁对谁错，而在于双方的心情好坏。心情好，能把坏事看成好事；心情不好，能把好事看成坏事。年轻夫妇往往把对方的优点、长处忽略不计，或看作理所当然，而单单斤斤计较对方的缺点、毛病。总是将这些看在眼里，烦在心里，就会挑剔、指责不断。夫妻间如果一方长期被挑剔、否定、指责，不快、沮丧的情绪不断堆积，需要发泄时，夫妻吵架就在所难免，而且会由小吵到大吵，由善意转变成恶意。

2.不要企图改变对方，而要努力改变自己

夫妻共同生活，但是两人的兴趣、爱好、性格以及思维模式和行为习惯很少有完全相同的。所以，各自对待生活的态度，处理事情的思维和方法会有很多不同之处。对爱人的这些特点要包容和顺应，而不要尝试强迫对方改变，更不能把自己的兴趣、爱好、思维模式及行为习惯强加给对方。

3.争吵时不求胜利，只求沟通

夫妻吵架不必争谁输谁赢，只要在吵架的过程中把自己心中的不满“吵”给对方就够了。有时大家说，吵架是一种强烈的沟通形式，因为通过吵架，即使对方没有能完全接受你的观点、想法或意见，也已起到了交流感受、想法、意见的作用。尽管吵架是一种被动的沟通，但是，它比夫妻间有气发不出来，而闷在心里好得多。

夫妻吵架时，彼此都处在不冷静的状态，脑子一热，什么事都干得出来，什么话也都说得出来，却不愿意去考虑：有些事做了，有些话说了，也许是自讨没趣，也许是劳民伤财，也许是无法收场，也许会给对方的心灵造成永远也无法弥补、消散的创伤和阴影。

记住以下的话以及与之相类似的话，属于争吵中的“忌语”，这些话是最容易伤害夫妻感情的。如果你希望自己的爱情能够天长地久，夫妻能够白头偕老，不管你怎样生气与动怒也不能将之说出口：

“窝囊废（真没用）！”

“跟你结婚真是倒了八辈子霉！”

“人家好，你就跟人家过去吧。”

“当初我真是瞎了眼才会嫁给你！”

“要不是看在孩子的分上，我早和你离婚了，一分钟都不会在你们家多待！”

“你给我滚蛋！滚得远远的，我再也不想看见你！”

“我对你已经绝望了，你爱怎么着就怎么着吧，我不管了还不行么？”

夫妻吵架不求胜利，只求沟通的另一个方面是“不讲道理”。因为夫妻吵架，很少是由原则问题引起的，不必“较真”。如果凡事都“较真”，非要争出个谁对谁错的道理来，那么“较真”本身就已经错了。吵架并不是为了伤害对方，因为有爱，夫妻走到一起，只有沟通，才能相扶到老，而吵架不失为一种披着“毒”外套的有效沟通方式。

只要把握了吵架的原则，吵架也可以成为一种很好的“排毒工具”——排除心理上的毒素，吵吵闹闹一辈子，痛并快乐着，其实，这才是婚姻的真滋味。

咆哮和谎言，是婚姻生活的常态

婚姻是什么？乐观主义者说婚姻是男人给女人一个承诺，女人给男人一份柔情；悲观主义者说婚姻是爱情的坟墓，是一个一旦进去就总想着逃出来的“围城”。也有人形象地说婚姻就是一个女人对一个男人咆哮，一个男人对一个女人撒谎。话虽毒辣，却也不无道理。

已婚男人的听力往往退化得厉害。工作了一天的妻子回到家，见丈夫和沙发“亲密无间”，于是扯掉他手里的报纸，怒吼：

“听见没有，拖地板，还有10分钟老王就来了！”

“你去不去？”

妻子的声调是高八度的，两手叉腰，眼看火山就要喷发，男人才如梦初醒，一个跟头翻到扫帚边，无奈道：“扫，扫，我扫了还不行吗？何必这么大火气，说话不会轻点儿吗？”

设身处地地进行一次换位思考：丈夫为什么会听力迅速衰退？婚后的女人是不是也在无意间有了太多的变化？

很多女人在恋爱时温柔如水、性格随和，令男人怦然心动。可是，等到结婚后，甚至婚礼刚刚过去，她就判若两人，变得爱唠叨，易发怒。在家庭中，有的女人发怒常常到了歇斯底里的程度。从心理学上来说，这是女性保护自己的本能反应，理智地说服对其很难起到什么作用。

为什么女人身上会出现这种奇妙的现象呢?

实际上，女性在感到自己有危险时，会利用歇斯底里来摆脱这个危机。例如，丈夫酗酒成性，不顾家庭，每天都三更半夜才回家。结果有一天当他回到家里，妻子突然手腕不能动了。丈夫对妻子的变化感到非常吃惊，为了帮助妻子，他开始早早回家陪伴妻子，而经过这种“心理治疗”，妻子的手腕又像以前一样活动自如了。

又例如，妻子感觉丈夫移情别恋了，打算借歇斯底里逃脱这个危机。这是动物的拟态现象。严重的歇斯底里症状不但男性不明就里，连当事女性也是无法解释的。平心而论，女人比男人更原始，更直觉敏锐，歇斯底里的女性可以说是“更动物性的雌性动物”。

女人喜欢“骂”男人，一旦“开炮”就如滔滔江水连绵不绝，唾液横飞、口若悬河，而后则通体舒泰、四肢轻松。有人说，这是女人的天性，无可厚非；有人说，这是男人贱，更没办法——这其中是有隐情的。

女人骂男人的“合法”理由往往是“望夫成龙”，这自然和中国家庭中的男权秩序有关。男人在外受了委屈，不见得要跟妻子诉说；若有了得意的事，却一定要狠狠地炫耀一番，所以，在妻子眼里，夫君是“龙”，就算目前还未发达，那也是龙在沉睡。由此可见，被骂可以说是男人为自己的尊位所付出的“历史”代价。

在望夫成龙的心理作用下，当女人看到老公兀自盯着电视机迷失在英超、意甲之中，没有一丝要卧薪尝胆、发愤图强的意思，自然就会劈头盖脸地骂：“瞧你这个没出息的样，我们娘俩跟着你算是倒了八辈子的霉……”

鉴于妻子“咆哮”不止，男人们自然会采取相应的措施来进行“自我保护”，最常见、最典型的手段就是撒谎。男人从没有停止过说谎，尤其是面对自己的妻子。如果有个男人告诉你他没有说过谎，那他这句话本身就是谎言。男人最妙的谎言是“我永远也不会对你撒谎”，当他这样说的时候就已经在撒谎了。当然，男人们这么说的时候，通常是满怀真诚想这么做的，但他们真能做得到吗？当然不可能。

谎言有善意和恶意之分，聪明的女人要区别对待婚姻里的谎言。如果一方说谎是为了让另一方得到心理满足，没有任何恶意，就不必穷追不舍。有的女人会说："我的眼里不容沙子，说谎就是不行。"其实这是任性的说法，没有从不说谎的人，完全不必如此较真，否则受伤的可能是你自己。

咆哮与谎言，都是婚姻生活中不容回避的客观存在，但这并不等于说婚姻就是一个令人绝望、令人窒息的牢笼。恰恰相反，婚姻是使人们获得归宿感的一个港湾，虽然时有小风小浪，虽然可能需要重新停泊，但生命之舟不能永远漂泊，总需要这样一个港湾来栖息，来感受生命中的温暖。

给你的他一个昵称

生活中，你是怎么称呼自己的爱人的呢？心理学家认为，不同的称呼对婚姻会有不同的影响。

——喂，晚上几点回来啊？

——晚上有应酬回不去了。

在这种电话交流中，我们只能看到事实性的交流，而无法听到情感的表达。因为人都有想证明自己存在的需求，叫对方的名字会满足这种"自我存在"的需求，如果夫妻长期不称呼对方的名字或者昵称，就会弱化对方自我存在的意识，久而久之，感情也会疏远。

此外，与直呼其名相比，称呼对方昵称更有利于彼此感情的深化。因为夫妻间独一无二的昵称会让对方感觉到自己的重要性与唯一性。这不仅可以增进夫妻之间的亲密情感，而且会让夫妻关系变得恩爱可亲、浪漫美妙，并且使夫妻关系和性生活更加和谐美好。

昵称是恋人之间的心灵密码。因为感情深而有了昵称，因为呼之以昵称而增进感情。诗人徐志摩昵称陆小曼"眉"，文豪鲁迅的一封封情书皆以“广平兄”开头，昵称在男情女爱间发挥着重要的作用，非得深入其中方能体味。徐志摩和陆小曼之间如此，鲁迅和许广平之间如此，众多平凡而情深的男男女女之间也是如此。

对爱人要多称呼昵称，具体来说该称呼什么呢？哥哥妹妹、姐姐弟弟和称呼名字中的一个字，或者打情骂俏的夫妻昵称在新婚期比较浪漫，但是经过了一段磕碰腻烦的婚姻生活之后，夫妻间没有了花前月下的情趣，更没有了营造浪漫的兴致。这时我们就需要在昵称上花些心思，时常变换，因为一成不变的称呼会让对方听得耳朵长茧。

此外，新的昵称还要有亲和力，让夫妻不生分，只有这样才能使夫妻情感生活常保新鲜、浪漫、美好。

要心心相印，不要形影不离

夫妻双方，就像是冰天雪地里的两只刺猬，因为天气太冷，想以身体取暖，但一方的刺扎到另一方的身体时，大家都感到疼痛难耐，只好分开。可是天气越来越冷，为了取暖，两只刺猬不止一次地尝试靠近又分开，如此反复多次，终于找出既不会刺到对方，又能彼此取暖的恰当距离。

这个比喻告诉我们，夫妻之间的距离一定得掌握好，太接近了容易伤害对方，太远了又感受不到对方的关怀，最恰当的是有点距离又不太远。然而，在现实生活中，这个距离并不是那么容易把握的，稍不留意就会有所偏差。

“宽”或许是婚姻关系的一个恰当尺度。所谓“宽”，就是两个人不要捆得太紧太死，以便为爱情留出自由呼吸的空间。它仅仅着眼于婚姻门栏之内的自由，其中包括独处的自由，关起门来写信、写日记的自由，和异性正常交往的自由等。

人与人之间必须有一定的距离，相爱的人也不例外。婚姻之所以容易成为悲剧，就是因为它在客观上使得这个必要的距离难以保持。一旦没有了距离，分寸感便会丧失，随之丧失的是美感、自由感、彼此的宽容和尊重，最后是爱情。

结婚是一个信号，表明两个人如胶似漆融成一体的热恋有它的极限，它需要适当降温，夫妻俩适当拉开距离，重新成为两个独立的人，携起手来走人生的路。然而，人们往往误解了这个信号，反而以为结了婚彼此便成为一体，结果纠纷不断。

孔子说："唯女子与小人为难养也，近之则不逊，远之则怨。"这话对女子不公平。其实，"近之则不逊"几乎是一个规律，并非只有女子如此；无间无君子，谁都可能被惯成或逼成不逊、无礼的小人。

好的爱情有韧性，拉得开，但又扯不断。相爱的双方互不束缚，是他们对爱情有信心的表现。谁也不限制谁，但谁也离不开谁，这才是真爱。

婚前恋爱期，男女情侣有说不尽的甜言蜜语，有时即使无话也要找话。婚后，特别是男方，"高冷"范儿明显起来。美国一位心理学博士指出：在婚后第一年中，夫妻间的情话与讨好行动都会比恋爱时下降30%，这一冰河期的到来，令女方受到的打击较男方要重些。如果女方不能正确认识丈夫的变化，就常会以"找碴儿"来打破沉默，这时，丈夫如果不能正确理解妻子打破沉默的"本心"而回击对方，争吵就发生了。这时，比较艺术的处理方法之一是：丈夫或妻子应该静下心来倾听对方的意见，帮助其宣泄和疏导，并不时用幽默来打破生活的尴尬。

此外，结了婚的男女，分别与昔日生活在一起的父母或同事、伙伴们分离开来，住进了精心布置的新房，开始了"两人世界"。然而，随着时间的推移，夫妻间生活习惯的不同、兴趣爱好的差异、脾气性格的矛盾便开始显露，这时便需要调整和适应。

须知婚后夫妻间生活要的是心心相印而不是形影不离，保持一定距离是夫妻间相互吸引和爱慕的重要保证。俗话说"久别夫妻胜新婚"，讲的就是这个道理。

据调查，在闹矛盾的家庭中，夫妻两人工作都很稳定并很少出差者居多，这也很说明问题。婚前恋爱时两人在一起的时间有限，因此亲密异常；婚后偶尔分离，正是一种适当的调节，尤其是当夫妻双方产生矛盾和分歧时，不妨暂时分开几天，让时间和距离来加深彼此的感情。

短暂的小别是促进夫妻关系亲密的最佳方式。画家必须在孤独时才能有所创作，小说家在孤独时往往才有灵感，而短暂的分离更能让夫妻双方体会到婚姻的可贵、家庭的温暖以及自身的价值。

“小别胜新婚”，在丈夫眼里，妻子变得更加温柔妩媚，做的饭菜也仿佛更加可口，房间仿佛也收拾得更加漂亮明净了。

成功的婚姻不仅要求夫妻双方相互尊重，保持精神上的独立，而且要求双方在感情上有一定的克制，甚至创造一些条件，使得双方保持一定的空间距离。

当代许多社会学家也认为，夫妻最好每年能有一段时间不住在一起，这对调适夫妻关系十分有益。他们还认为，夫妻不要成天卿卿我我，甜言蜜语讲多了就淡而无味了。

人的耐性有限，再好的东西，看久了也会审美疲劳，婚姻也是如此，要想避免这种情况的发生，就应该适当地制造距离，引用法国电影《芳芳》中的一句话：“每个早晨，我都要离开你，每个晚上，你都要把我找回来。让我们就这样，不停地爱下去……”

男人外遇的表现

很多婚姻的破裂是从男人的出轨开始的，出轨浪潮强烈地冲击着现代婚姻。女人该如何识别男人的出轨呢？男人出轨后会有如下几种表现：

1. 他的举止与以前不同

他在家里或在约会时突然变得心神不宁，神情恍惚。你是否忽然间感到自己已在他的生活之外了？有一位女士说，男人出轨的第一迹象是他不再同自己妻子说话，以免露出马脚。而另一些男人会突然变得敏感并经常变换话题。有趣的是，有些原来爱发脾气的男人会突然变得温柔和气起来。

2. 他改变了老习惯

他可能突然要在晚上加班，经常参加音乐会，出差时间比以前也长了。总之，待在家里的时间比以前少了。他也许会对这一切做出详细的解释，而过去却从不这样。

3. 你突然感到害怕

你总是期待着他打电话给你，并常常为此感到坐立不安。你常常问自己，是否做错了什么事？如果你有上述感觉，那么与他在一起肯定会使你感到很吃力，对你来说他比以前更高不可攀了。

4. 他的外表发生变化

若男人不忠实的话，他的外表肯定会有明显的变化。他会为自己的体重担忧，并开始锻炼；添置新外衣，对自己的穿着打扮特别讲究；也很注重梳洗头发，千方百计遮掩秃顶或将灰白的头发染色，同时也会换一副时髦的眼镜。

5. 在性生活方面也有变化

性生活习惯的改变也可能是一个暗示，要是你追问原因的话，他则常常岔开话题，顾左右而言他，或者索性变成一只“夜猫子”，在他确信你已睡着了才上床睡觉。

6. 异常的细节

在男人回家的时候，身上及衣服上充满着陌生气味和香水味都是可抓的把柄。同样，也要提防男人在工作了一个晚上，早晨回到家里时身上散发着沐浴过的香味。还有一些典型特征：留在汽车上的女人小饰物、没写寄信人地址的信封、无法解释的账单等。

7. 有奇怪的电话打来

当你与他在一起时，电话铃声响了，他总是说“我会打电话的”来中断通话，或者是到隔壁房间、阳台，关起门来接手机。

8. 他突然鼓励你单独外出旅行

有婚外恋的男人总是希望妻子去亲戚家小住，如果还能带孩子同去那就更好了。

9. 一时疏忽而暴露了婚外情

“偶然”并不少见，它常使有外遇的男人曝光。例如，叫错你的名字，你偶然发现写有电话号码、姓名和地址的纸条，等等。

拒绝男人的“外遇有理”论

许多男人甚至包括某些女人，对男人的婚外情予以理解，认为在现今社会中是相当普遍的现象。有相当一部分人认为，外遇根本没什么大不了，也不会带来任何伤害，还为那些花心的男人找来诸多借口，形成了荒谬的“外遇有理”论。

“外遇有理”论的核心就是责怪妻子，责怪“外面的女人”，责怪男人所处的环境——总之就是男人身边所有的人和所有的事，唯独不包括这个男人自身。有一句话也许大家都很熟悉，即“男人天生就是这样子”。这种态度的一个理论基础是，它完全忽略了男人也是成人的事实，他必须为自己的行为负责。一个男人如果不忠，那是因为他自己希望如此，是他没有正确履行丈夫的责任。

除了抱怨妻子在婚姻生活中的种种毛病之外，男人通常还会用以下几种借口为自己辩护：

（1）只是性罢了。

（2）婚外情就像一部让男人快速恢复自信的机器。

（3）一个年轻漂亮的女人对于一个已经步入中年、性生活萎缩的男人而言，就像是一个氧气筒。

（4）没有一个结过婚的男人一生只和一个女人做爱的。如果他真的如此，那么他其余的日子都是白活了。

（5）和别的女人睡觉是一回事，而真的离开自己的妻子和家庭又是另外一回事。

（6）没有哪个男人永远老老实实。

事实上，男人所有的借口，都是为了将自己的外遇合理化为“单纯的性行为而已”“只是件男人会做的事而已”，绝不是“什么值得大惊小怪的事”。

有的女人会对别人丈夫的出轨行为采取接受的态度，不仅如此，她们还会替这些男人找出种种借口，比如他妻子的相貌以及性格不好，那个女人先勾引别人的丈夫……大部分女人在怀孕的时候，都无可避免地会变胖，生产过后体重也不容易减下去，所以，许多男人就把他们在外面乱来的行为合理化，说都是因为妻子太胖，让他们倒尽了胃口。而社会对于男人把出轨的原因归罪于此，大多抱着同情的心态。

还有些女人对于其他女人在日常生活方面的批评也是非常苛刻的，特别是关于性魅力这方面。举例来说，美国众议院的前发言人纽特·金理奇的母亲，在谈到金理奇的前妻时说："我很遗憾他们离婚了，我是真的这么觉得，她确实为纽特做了不少事，但我们还是非常不理解，她为什么不稍稍减减肥，减肥之后一定有用的，她实在是太胖了。"

尽管出轨是导致离婚的一个因素，但站在丈夫一边、有着错误观念的女人，为数还真不少。甚至有的女人对于要求丈夫忠实这一点，居然会感到抱歉。这也说明，整个社会是何等宽容和袒护男人的不忠，又是如何要求女人一肩要扛起所有的责难。其实，正是由于妻子以及整个社会都在包容男人，他们才对自己的行为越来越不负责。

当社会越来越宽容与鼓励男人的不忠实行为时，女人要与这个花心丈夫相处也就越来越难，因为她们会觉得自己对于忠实的信念是相当孤立的。

女人必须看清丈夫的真实面目，不要相信他所谓的"外遇有理"，更无须因丈夫的出轨行为而自责。"外遇有理"的理论是非常愚蠢的，同时对于妻子也是非常不公平的。

别走进婚姻的"定位误区"

婚姻是新生活的开始，在茫茫人海中他和你走到一起，不能不说是一种缘分。然而，结婚之后，夫妻间的角色需要准确定位，才能让婚姻幸福而长久。

在良好的婚姻关系中，男女双方形成了一种平等互利的合作关系，情感交流处于双向互动的稳定状态，既能获得情感的满足，又能保留自我的自由个性。但是很多女性因为从小受传统文化的影响，主动默认了在婚姻关系中的从属地位。这种关系定位直接影响了女性自身潜能的发挥，并且给婚姻埋下隐患。女性为这种关系定位承担着重大风险，一旦婚姻裂变，女性必然成为受害者。

童瑶有一双灵动的眼睛和剔透的皮肤，自小就是个漂亮姑娘。当工人的父母从小就教育童瑶："好好学习，考上大学，找个好工作，嫁个好人家。"童瑶也很听话地好好学习，当她上大学时，突然领悟到，父母说的前面几条再好也是铺垫，关键是嫁个好人家。

童瑶上大学时，《流星花园》正风靡一时，几乎所有的女生都幻想着有朝一日在现实中能出现像电视剧里面的男主角那样英俊的白马王子向自己求爱，但电视剧毕竟不是现实，并不是所有的女孩都像杉菜那么幸运。童瑶的一个室友问她："一个贫穷的言承旭和一个丑陋的道明寺，你会选择哪一个呢？"她没有选择。

其实在童瑶心里有一个答案，她要找一个能给自己安全感，让自己不用为生活担忧，但又不要太老太丑的人。不久，她期待的那个人出现了。那个男人高中毕业，是搞工程的，比童瑶大4岁。他在童瑶学校附近有个工程，周末就到她们学校来跳舞。他的目的很明确，因为自己没有上过大学，所以，想找一个大学生当老婆"提高下一代人口素质"。童瑶和他相识后很快就恋爱了，他们彼此之间都很清楚，对方就是自己要找的那一个。童瑶知道，像她这样并非名校毕业的本科女生在激烈的竞争中脱颖而出获得好职位的概率很小，与其每个月为了2000多块钱而劳累奔波，还不如在家里过有品质的太太生活。而且既然结婚，老公养也是应该的。

他们结婚花了不少钱，那个男人也是真心喜欢童瑶，很舍得为她花钱。他买了近200平方米的精装修房子作为结婚的新房，而且还给了童瑶父母30万元。童瑶的父母为女儿找到这样一个好男人而高兴，向街坊邻居四处宣扬这位满意的女婿。

婚后的生活很悠闲，童瑶完全以自己的丈夫为生活中心，包揽丈夫的一切衣食住行，家里收拾得井井有条，把丈夫也打扮得气宇不凡。没过多久，童瑶生了个漂亮的女儿，家里添了个孩子，自然更加幸福。

但是，幸福的日子并不长久，问题接踵而来，首先是孩子的问题。因为童瑶生的是女儿，公婆很不满意，整天在儿子面前嘀咕：“再生一个吧，反正她闲着也是没事。”童瑶不是不想生，只是认为等女儿大一些再生更好，而且也觉得公婆的态度令人难堪，认为他们不尊重自己。于是童瑶与公婆多次发生争执。

孩子出生后，公公婆婆都来了家里，本意是帮童瑶分担些家务，一起带带孩子，可这一家子人整天闲在家里，大眼瞪小眼，矛盾自然与日俱增。童瑶就向丈夫抱怨，丈夫却说：“还好你没有出去工作，这家里才几个人你都团结不好，更何况处理同事之间的关系呢？”童瑶听了自然不高兴，于是夫妻俩争吵起来，越吵话越来越难听，比如“你一分钱不挣，白白地养你，还不孝顺我父母”等。后来，他们为这些事争吵的次数越来越多。

童瑶被这些事情烦得夜夜睡不着，甚至想要离婚，但又对离婚以后的生活毫无信心，她想：“这有什么办法呢？自己脱离社会已经那么久了，现在出去找工作谁要自己？真要离婚了，谁来养活自己？现在虽然整天吵，但至少生活无忧。”在那个家里，童瑶越来越没有地位，委屈的泪水只能往肚子里咽。

童瑶的不幸是多方面原因导致的，但也要怪她自己。她从一开始就认定自己在婚姻中的从属地位，没有一定的经济独立能力。女人该怎么保障在婚姻、家庭中的地位呢？以下3个婚姻定位的误区，可以让女性更清楚地认识婚姻：

1. 视婚姻为“爱情的堡垒”，忽视爱情经营

很多女人在穿上婚纱的时候会对自己的男人这样说：“你要永远爱我，我把我一辈子的幸福交给你了。”她们在婚姻一开始就抱着不为自己幸福负责的态度，这是一种懒惰的依赖心理。在男人点头那一瞬间，就仿佛吃了定心丸，开始为所欲为。婚前的无条件奉献都当作有偿投资，现在有权利索取，坐享其成，而且放弃再投资。最后坐吃山空，爱情出现严重透支，男人带着你的幸福离你而去，然后才弄明白，婚姻不是爱情的堡垒。爱情并不是一劳永逸的投资，是需要经营的。

2. 视婚姻为生命的全部，盲目自我牺牲

有些女人总是自作聪明，结婚后放弃工作，放弃亲人、朋友，放弃可以放弃的一切。她们以为这样就能抓住男人，其实这是一种赌徒心理。放弃一些不该放弃的东西，否认自己认为有价值的东西，顺应丈夫、取悦丈夫，听命于他的要求多于自己的情感和需求，这是一种无谓的自我牺牲，最终只能导致女性丧失自我。在理想的婚姻组合中，应该有清晰的自我概念，不应做无谓的牺牲。

3. 视贤妻良母为己任，忽视自身建设

21世纪的今天如果还抱怨“我做牛做马还不是为了这个家”，那就太跟不上时代了。这样的抱怨已经没人会同情，不要整天埋在家庭琐事中，更别整天蓬头垢面地埋头苦干，如今好女人的定义，自身建设是重点。只会煮饭带小孩的保姆型妻子，或是脑袋空空的花瓶型妻子，男人对此已不再满足，他们追求的是志同道合、心灵共鸣的伙伴型妻子。

婚姻中的男女如同赛跑，不想与男人拉开距离，就要努力地追上他，愿意接受和他同样的挑战。妻子们必须寻求更有意义的活动，扩展自己的心胸，发展自己的才能，获得更丰富的成果，实现更远大的目标。

第八章
婆媳非天敌，握手言和不是事儿

像对待上司一样对待婆婆

婆媳关系也许是世界上最微妙和最难处理的关系。她们爱着同一个男人，也分享同一个男人的爱。她们分别影响这个男人前半生和后半生的生活。丈夫、婆婆、媳妇是世界上最琐碎的“三角关系”，很难掌控，近则不逊，远则怨。在这个三角关系中，婆婆这个角色非同小可，她是每一个要恋爱结婚的女人都要遇到的最重要也最难“摆平”的家庭成员。

婆媳问题是现代婚姻中经常出现的状况，严重的话，甚至会影响婚姻品质。有些男人唯母亲之命是从，使母亲在不自觉中仇视儿媳，认为儿媳抢走了自己的宝贝儿子；而有些母亲则权力欲或占有欲过强，有意无意中，常干涉小两口的生活，使全家大小无一日安宁；还有一些微妙的母子关系，则可能造成男人一辈子都无法解开的心结，也影响他对婚姻所持的态度以及对待妻子的方式。男人要让自己的母亲与妻子在同一屋檐下和平共处一辈子恐怕需要高超的技巧和艺术。家是幸福女人的避风港，只有和睦温暖的家才会有幸福的滋味，而与婆婆相处是女人幸福一生的重要环节。

不要在丈夫面前抱怨婆婆的不是，即使是丈夫首先开口说他妈妈不好，你也必须坚持沉默是金的原则。婆婆和你，好似一对矛盾共同体。作为儿媳，你不可能对婆婆没有意见，比如她对你教育孩子横加干涉，比如她过多地教育她的儿子，因为这个儿子现在已经是你的丈夫，所以引起了你的不满。可是，纵有再多的不满，你也只能藏在心里。一定要控制自己的嘴巴，要记住，他当然可以畅所欲言，因为那是他的妈妈，可一旦你附和，则会对你俩的关系造成损害。为了安全起见，沉默原则应该推广到他的每个有血缘关系的亲人。收起你对他家庭成员的评论，这会使你的生活宁静许多。

凡有责任心的男人，婚后依然会对大家庭有几分惦念。如果你想阻止这种牵挂，就会影响到你的婚姻。聪明的妻子会理解丈夫的这种情怀，爱他就关心他的家人。要知道，婆家也是你与丈夫的婚姻的重要组成部分。不要试图让丈夫断绝和婆家的关系，他属于你，也属于他的家人。不要在丈夫和他人面前议论婆家的不是，很简单，换他数落你娘家的不是，你会听之任之吗？

若干年前，佳佳要结婚时，公婆提出要和他们共同买一处大房子同住，佳佳不愿意。佳佳很爱丈夫，很想嫁给他，但是她同时也认为，如果妥协，意味着放弃自己理想的生活和梦寐以求的生活模式，也就是放弃自己一辈子的幸福。那嫁给这个人还有什么意义？于是她对丈夫说，如果他坚持住在一起，那么她必须选择跟他分手。现在他们在婆婆家附近买了房子，这样既可以方便照顾父母，又避免了“天敌”天天照面。

佳佳是聪明的，她明白不能试图和婆婆保持“零距离”。现在很多婆婆和媳妇都信奉距离产生美，子女在靠近父母的小区置业，平时有自己独立自由的空间，休息日节假日到父母家热热闹闹地吃一顿饭，客客气气地拉拉家常。乖巧的媳妇在自己家可以是“野蛮老婆”，但在婆婆家要有一个贤淑样，要像对自己妈妈一样对婆婆嘘寒问暖。对婆家的人其实就像我们对上司一样，在他们面前，要表现得谦逊温顺，但同时，又要保持一定的距离，相信没有哪个员工会把上司当成好朋友整天黏在一起吧，对婆家的人也要如此。

初次见面，巧叩公婆心门

一般男方的家长对女方的人品比较关心，大都希望自己未来的儿媳妇温柔、善良、勤快和能干，具有东方传统女性的美德。

当代社会，婆婆对儿媳妇的选择标准无疑已经宽松多了，假如你对于家务事不太了解也不必慌张，不妨借机多向男友的母亲请教。上了年纪的女人，大多很高兴有指导别人的机会，与其使她发觉你太聪明，倒不如使她觉得你文静得有点儿“傻”。

有些男方家长本身不善言谈，已经习惯了家里的安静气氛，对什么事情都不会喜怒形于色。未来的儿媳妇上门拜访，他们的表现看起来只是多了个客人而已，但心里则在细细地对你评头论足，所以要做好充分的心理准备来抵挡他们那看似淡漠实则探寻究竟的目光。在言谈举止方面要表现得既传统又现代。所谓“传统”是指：他们在做饭、端菜时要主动帮忙，尽量避免纵声大笑、高声喊叫或当着他们的面跟男友亲热，更不可当众训斥男友或者耍性子、任性、撒娇、生气等。所谓“现代”是指：要有你这个年龄应有的活泼和开朗，能让他们感受到你的青春气息和色彩，既端庄大方又活泼开朗，表现在说话上要口齿清晰、表情温柔、略显羞涩，并对他们尊重有加。

有些男方家长爱子心切，只要儿子喜欢，肯带回家来，就把你当神仙似的捧着。对于这样的家庭，虽然是初次探访，说话时也可以活泼、有趣一些。比如下面这几句：

“伯父、伯母，我初次来访，你们就把我当闺女一样对待，真让我感动！”

“自从我和××谈恋爱以后，他就多次说到你们如何好，真是耳听不如眼见。也怪不得他说你们好，你们太宠他了，小心把他惯坏了。”

“他曾说过我不如伯母对他好，看样子我还真比不上您的细心，瞧您，吃完饭碗都不舍得让他洗，来，我来帮您吧！”

说一些贴心话，可以使自己大受欢迎。

如果你找了一位年龄跟你相差较大的男子做你的恋人，那么当你去拜见他的老父老母时，他们或许会因为不大信任而冷淡你。这时，你不要沮丧、气馁和委屈，因为这是人们很正常的心理状态，你完全可以用你的言行让他们感受到你的诚恳和可信，而千万不要恃小撒娇，惹得他们反感。

不管他们待你的态度如何，你都能客观、冷静地对待，这多少包含了你对他们儿子的爱，所以他们很快会接受并容纳你的。

一个女性最优秀的品德就是宽容大度、和颜悦色、端庄开朗，如果你具备这些优点，那么任凭什么样的家门你都能叩开，任凭什么个性的父母你都能打动。但要注意一点的是，他们在对你进行考察、探测的同时，你不妨对他们也做个猜测。

常言道，女人是水做的，那么就请你拿出水一样温柔的感情来，去感化你周围所有的人，包括你未来的公公、婆婆、小姑和小叔，让他们为拥有你这样一个家庭成员而感到骄傲和快乐。

别玩心计，只有真心才能沟通

女人在结婚前都是与自己的父母生活在一起的，有直接的血缘关系，感情之深自不必说。有些女人可能这样认为：我是由我爸妈养活这么大的，过门前公婆也没有给予我什么，我有必要对他们那么好吗？但是妻子不要忘了，公婆是没有养活过你一天，也从没给过你什么，但是她“十月怀胎”，生下儿子，并且费尽心思把他培养成人，让他娶了你这个媳妇，而你将要和他们的儿子生活一辈子，你不孝顺他们，他们儿子心里能愿意吗？何况，你是妈妈心里的小棉袄，你丈夫也是婆婆的心头肉。

尊重婆婆，就要理解婆婆的内心世界，看到婆婆值得让你感动的一面，宽容她的“小毛病”。与婆婆时常亲近，你会发现婆婆的许多做法会让你感动不已。

王青是一家证券公司的员工，公司里的许多同事都跟她谈起过婆媳间相处难的事情，她却怎么也无法把这些事情和自己联系在一起。她总是这样说："我是一个幸运的人，因为我有个善良的好婆婆。"

王青刚这样评价自己和婆婆的关系：婆婆虽然没有钱，也没有文化，但是她身上具有中国妇女的传统美德——勤劳善良、艰苦朴素、坚韧不拔。她把精力都放在丈夫和儿孙身上，确实诠释了中国的一句古话：男主外，女主内。她这一辈子很辛苦，很不容易。

王青开始和婆婆相处的时候，的确感到有一些不适应。王青说："我妈妈文化程度比较高，我们在一起有许多共同语言，代沟也不明显；而和婆婆在一起的时候，经常是一天也说不上几句话。我知道婆婆也不习惯，但我们都在尽量掩饰这种尴尬，彼此都很客气。说实话，那时候，彼此的心是提防和试探的。后来因为一件事，让我和婆婆之间的心理距离缩短了。"

王青的婆婆从小就失去母亲，和父亲生活，虽然经济条件不差，心里却感到很孤独，于是就开始吸烟，已经是近40年的老烟民了。可是因为小孙子即将出生，她不再吸烟了。这对于一个老烟民来说是很难做到的。王青曾经看到婆婆为了戒烟狠狠打自己的嘴巴，这对她的震动很大。自然而然，她就把婆婆看作自己真正的亲人，那种疏远的感觉仿佛忽然就消失了。

"和公公婆婆相处的这些日子，我发现老人真的很容易满足，你只要稍稍用点儿心，他们就能感受到，并回报给你更多的关心。他们要求的，是精神上的，并不是物质上的。公公婆婆爱听戏曲，我和老公就陪他们看戏曲频道；婆婆喜欢看小品，就买小品的光碟给她；早晨上班前说一句'妈，我走了'，下班时说一声'妈，我回来了'。"

王青孝敬父母的举动也深深地感染了孩子，让孩子从小就养成了良好的习惯。孩子吃过饭后，从不急着去看电视或出去玩耍，而会帮助妈妈收拾碗筷；家里有好吃的东西，孩子知道要先给爷爷奶奶和父母吃；甚至大人身体不适，孩子也懂得陪伴左右，嘘寒问暖。

一个聪明的妻子懂得，孝敬父母，不但是在弘扬美德，锤炼自己的人格，也是为自己的将来打基础。用你的真心对待你的婆婆，你也一定会收获他们的爱护。

常往婆婆耳朵里吹暖风

在家庭生活中，婆媳关系是最微妙，也是最难处的。当这种特殊矛盾被激化后，为了平息“战乱”，说话必须讲究技巧，聪明的女人总是会用“暖风”吹得婆婆“找不着北”，又能维护自己的观点。

张华和李红夫妇平时住在单位，只有周末才回张华家。张华是独生子，母亲特别宠爱儿子，而且她的老观念使她认为家务事是女人的活儿，女人理应照顾好男人。

周末小两口回张华家，婆婆当着儿媳妇的面对儿子说：“怎么又瘦了？是不是在家什么事都你做，吃得又不好？”儿子一时语塞，不知道怎么回答才好。

婆婆的意思很清楚，是责怪儿媳妇没照顾好儿子。

机灵的李红赶忙上前拉着婆婆的手说：“妈，是我不好，这段时间单位加班，太忙了没有照顾好他。您放心吧，从明天起，我给他增加营养，让他尽快地胖起来。”

第二个周日，小两口一回到家，李红就拉着婆婆的手说：“妈，这周我给他做了五顿肉，鸡蛋、牛奶是每天早晨必不可少的。可他好像还是原来那个样子啊，妈，您有什么好法子啊？”

婆婆听了儿媳这番话连忙说：“他就是这德行，吃人参也没用，可能是祖传的原因吧！瘦得像只猴子，你看他爸不也这样。”说得全家一阵大笑。

面对婆婆的责备，李红并没有与之争吵，而是主动向婆婆承认自己照顾不周，与婆婆进行沟通，从而有效地避免了婆媳矛盾的激化。李红是一个聪明的儿媳，懂得如何与婆婆交流，如何说话婆婆才爱听。可有些儿媳，在自己母亲面前可以说个不停，与婆婆却无话可说，两人之间总感到别扭。想改变这种状况，就要学会主动热情，在婆婆耳边多吹点“暖”风。

首先，别吝啬，多喊几声“妈妈”。儿媳的一声“妈妈”，能给婆婆带来无限温暖。有些儿媳惜字如金，“妈”字从不轻易出口；也有一些儿媳，学孩子的口气，称婆婆为“孩子他奶奶”，都还是有些距离。如果能把拉家常和称呼连接在一起，效果就更是截然不同了。你可以这样说：“妈，这几天天气挺冷的，您穿得太少了，别着凉了啊。”“妈，您眼神真好！这么细的针都能穿。”

其次，有些老年人社会交际较少，整天把自己禁锢在很小的范围内，但又很想知道家门以外的一些新鲜事。聪明的儿媳就会借此机会与婆婆沟通，掌握婆婆心理，为处理婆媳间的关系打下坚实的基础。

沟通是打开双方心灵大门的钥匙，作为儿媳妇，如果能常常说些让婆婆高兴的话，无疑就是给婆婆吹了一阵暖风，你一定会走进婆婆的心扉。这样一来，家庭气氛就会日渐和谐，令人伤神的婆媳关系就会因此而改变，使家庭生活其乐融融。

了解婆婆的吃醋心理

现在很多男孩都是独生子，母亲含辛茹苦地把孩子带大，好不容易盼他成了家，娶了媳妇，却没想到他“有了媳妇忘了娘”，似乎把所有的爱都倾注在了媳妇身上。这样，作为母亲，心里或多或少都会有些失落。

有些母亲在年轻的时候就离婚或丧偶，一个人艰难地把孩子养大，所受的苦可想而知。她们把这辈子的精力几乎全投在儿子身上，也把后半生的幸福都寄托在了儿子身上，希望他能够孝顺，多为母亲着想。可是，当看到儿子甜蜜蜜地将媳妇接回家，前前后后围着媳妇转，不管儿子是不是下意识的，她都会觉得是与家里不相干的媳妇抢走了自己的儿子。她会在不知不觉中表现出对媳妇的不满，甚至会故意在一些生活的细节上追究，变得苛刻，故意跟媳妇过不去。

而媳妇往往也不是“省油的灯”，对待婆婆的“挑衅”，会找各种各样的办法还回去。于是，这个家就在双方的争斗中不得安宁。作为媳妇，应该多给予婆婆一些宽容，因为她也不过是在跟你“吃醋”。

为了防止婆婆吃醋，作为媳妇要努力做到以下3点：

1. 在婆婆面前演一出“肉麻戏”

你和丈夫在婆婆面前不能表现得过分亲热，这是必须注意的。但我们在这里说的“肉麻戏”，是指在婆婆面前表现出你对丈夫的疼爱与照顾。比如，如果你们没和婆婆住在一起，在和丈夫去婆婆家时，你就可以通过一些贴心的举动让你的婆婆知道，你对她的儿子也是宝贝得很，什么好吃的、好用的，你都不跟他抢；什么家里家外的事，你都抢着做。此时，肉麻一点儿、夸张一点儿都不要紧，重要的是，要让婆婆的心理需求得到满足。

一旦婆婆从中感受到了你对他的儿子的重视，对你感到满意了，她就会转而心疼你营养不良、辛苦劳累，巧克力成打地给你买，家务大力地帮你做。最终有一天，婆婆会把你拉到一旁说：“你啊，不要把他宠坏了，让他自己动动手吧！”她嘴上虽然如此说，心里却是甜丝丝的，肯定是对你满意至极。

2. 永远与婆婆同一战壕作战

一般来讲，婆婆很容易把媳妇看成“编外人员”，而心生隔阂。为了使婆婆早日接纳你，必须给婆婆灌一些“迷魂汤”，全方位地使她感受到你甚至比她亲儿子还要向着她。这是婆媳相处的重要一招，百试不爽。

3. 有时不妨适当示弱

在旧社会，媳妇往往受尽了婆婆的欺负，可现在不同了，你又年轻又独立，她那宝贝儿子好不容易把你追到手，在他心目中你的地位可是如日中天。相比起来，婆婆却正好相反，所以她才会把你视作“竞争者”，潜意识里会对抗你的“入侵”。其实这正是她心虚、敏感的表现，正是由此，她才会和你斤斤计较，不肯示弱。

此时，不妨照顾一下婆婆的情绪，遇到一些明明是婆婆做得不好的事情时，尽可以大度一点儿，表现出你已经服输，等到婆婆心气顺了，想必她也不会真的和你没完没了。

总之，真正懂得婆婆心理的女人一定会理解婆婆的这种吃醋心态，你唯一要让婆婆感觉到的就是：你不会夺走她的儿子，相反，有了你，能让她的儿子过得更幸福。相信一心为了自己儿子好的婆婆，感受到了你的真心，一定不会再吃你的醋了。

丈夫是婆媳关系恶化的受害者

男人由于在家庭中担任着强者角色，通常都承担着解决家庭矛盾冲突的主要责任。在家庭中，难免有婆媳等其他矛盾与夫妻矛盾相互交织与激化，作为矛盾冲突主要责任承担者的丈夫，也有相当可怜的一面。

恋爱期间，洁与鹏的母亲很少接触，没有什么纠葛，但是结婚以后，他们成了一家人，婆婆成了洁名副其实的长辈。接触多了，交往多了，问题也就不可避免地产生了。

洁有一次在婆婆家用过晚饭后，在楼道里偶然听到婆婆与人嘀咕说，媳妇气量狭窄，对老人不尊重。洁听后很是气愤，心里开始抱怨结婚以来婆婆的种种不是。

妻子与母亲的不和，使鹏成了一个真真正正的“三夹板”。但他并不气馁，为了家庭的和睦，他一再引导妻子，还与母亲进行了开诚布公的谈话，可洁坚持认为，婆婆在狡辩、在抵赖。

本来很好的夫妻关系就此蒙上了一层阴影，夫妻之间再不像先前那样亲密无间、无话不说了。

有一天，洁因为婆婆的问题与丈夫发生了激烈的冲突，气愤地冲进了卧室。过了一会儿，她心有不甘地隔着卧室的门缝观察着客厅中丈夫的一举一动，却看到了双肩颤动、双手抱头的丈夫。她突然意识到，这段时间最苦的不是自己，而是自己的“夹心”丈夫。是她做错了，她爱他，却不肯为他做出丝毫让步。其实自己与婆婆之间并没有什么实质上的利害冲突，自己做小辈的，为什么不能大度一些，即使婆婆有些不恰当的言论，为了丈夫，自己也不应该如此胡闹。

洁左思右想，终于走出了自己编织的想象之网。她与婆婆多次坦诚沟通，婆媳间的关系日益融洽，夫妻俩也恢复了往日的亲密和谐。

案例中的丈夫处于“中间人”的位置，进退维谷，左右为难。其实现实生活中有很多像鹏一样的男人，他们是妻子和母亲战斗的受害者。然而，并不是所有的妻子都能像洁一样，认识到自己对丈夫的伤害。

有一位丈夫深有感受地说：“在婆媳冲突中，我成了一支红蓝两色铅笔——两头挨削。真是猪八戒照镜子，里外不是人。”

男人爱自己的妻子，要当个好丈夫；男人也尊敬自己的母亲，要当个孝顺儿子。因此，在婆媳冲突中，男人不希望妻子与母亲进行旷日持久的“冷战”，也不希望在这场冲突中出现一个胜利者，更不希望两败俱伤。这些调解目标使得男人作为调解人，犹如一个非杂技演员在表演走钢丝，成功率是很低的。

在这场冲突中，如果男人连中间人也不能当，坐山观战，那么不但不能从中“渔利”，而且会招致婆媳双方的奚落；如果护着一方，就会失去另一方；如果各打五十大板，就会失去双方。有人说：“那你可以护着有理的一方，真理面前人人平等。”这话乍听起来好像很有道理，可是，妻说妻有理，婆说婆有理，“可怜”的男人也没有本事分清真理究竟在谁方。即使分清了真理在谁方，他们也不能护着这一方，因为这样做会使冲突双方的矛盾更加激化。

人的理智在感情面前往往是打折扣的，男人也是这样，他们不愿看到爱妻委屈的面容，更不愿看到慈母伤心的眼泪。要知道，对于一个结了婚的男人来说，做个好丈夫难，做个孝顺儿子也难，既做好丈夫又做孝顺儿子就更难。真是可怜天下“丈夫”心。

第九章
玩转社交，赢得人心

直面陌生人，告别羞怯心理

“有自信的人最美”，是因为自信的容貌会让人觉得充满希望，让人觉得活力十足、魅力万分。培养自信心，要从自己感兴趣的事情着手，多接触自己喜好的事物，自信自然而然就会产生了。

在人际关系上，不论在什么场合，初次见面时太过于热衷地争取某种事情，只会让人以为你是一个惯于使用手段的女人，或是一个自以为聪明的女人。其结果大都是聪明反被聪明误。

人们对于使用手段的女人往往心存一道防线，并且本能地就会降低对她的人格评价，怀疑她为人的诚实性，认为她心怀叵测，别有企图。

这种急于成功的女人，其实还是对自己没有信心。她们害怕得不到别人的友情、喜欢、支持，害怕得不到自己所期望的东西。她们不敢告诉自己：“对方是喜欢我的，支持我的。”甚至会不安地怀疑自己：“对方是否讨厌我？”于是她们把这种想法传染给对方，却无意中流露出了自己没有信心的内心，对此，有心人是一目了然的。

所以，初次见面时，不论处于何种状况，都要做到镇定，并善于用眼神表达自己的友善、关怀和愿望，这是一种自信的表现。如果你充满信心，对方会对你产生好感；如果你含含糊糊地进行自我介绍，流露出羞怯心理，会使对方感到你不能把握自己，以致对你有所保留。这样，彼此之间的沟通便有了阻隔。

有个求职者在面试中这样自我介绍道：“俗话说‘胆小不得将军

做’，对此，我却不敢苟同，有例为证：汉代韩信为渡过险境，忍了街上小人的胯下之辱，可谓胆小，但是最终成了将军。本人素以胆小著称，却偏有鸿鹄之志，故斗胆前来应聘。我自信能够胜任酒店的这份工作。”言辞之间，充分展现了求职者的聪慧与自信。

任何时候都要相信自己，按照你的想法去开始。做事可以胆小谨慎，而在做人方面，只要有堂堂正正的权利，你就可以放开勇气面对，这是一种心态，这种心态决定了你的命运。大多数人往往会在不到一分钟内就对所遇到的人迅速地做出一个判断，你的命运也许在极短的时间内就被决定了。

在交往中，如果你缺乏信心，不妨穿戴上最华贵的“服饰”，找出足以荣耀自我的优点，这样就不会因感到低人一等而自卑了。聪明的女人要尽量找到自己的长处，即使是自认为不值一提的特长，利用自我扩大法，扩大成足以自豪的优点，借以缩短与对方的心理距离，就会增加自己的自信心。

往他人脸上贴金扑粉

聪明的女人在与人交往时，不仅仅会顾及自己的面子，还会帮他人贴金扑粉。因为她们明白，谁都希望自己有尊严，被人重视，被人尊重。如果你不顾别人的面子，总有一天会吃苦头，因此，多给人送几顶高帽，保住别人的面子，别人也会如法炮制，给你面子。

即使是自己的对手，在对方失败时，也不要表现出咄咄逼人的气势，用自己的成功往人家的伤口上撒盐。因为失败者在遭受失败后虽然处于劣势，但往往还保留着自尊心。如果你不给对方面子，不仅显得你没有风度，而且还很容易激怒对方。在自己胜利时，把面子留给对方，不仅显示你的大度，还可以收获人情。

1922年，土耳其人同希腊人经过几个世纪的敌对之后，终于下决心把希腊人逐出土耳其领土。穆斯塔法·凯墨尔对他的士兵发表了一篇拿破仑式的演说，他说："不停地进攻，你们的目的地是地中海。"于是，近代史上最惨烈的一场战争开始了。土耳其最终获胜。

当希腊的迪利科皮斯和迪欧尼斯两位将领前往凯墨尔总部投降时，土耳其士兵对他们大声辱骂，凯墨尔却丝毫没有表现出骄傲的情绪。他握住他们的手，说："请坐，两位先生，你们一定走累了。"在讨论了投降的有关细节之后，凯墨尔开始安慰这两位失败者，他以军人对军人的口气说："两位先生，战争中有许多偶然情况。有时最优秀的军人也会打败仗。"

卡耐基说："凯墨尔即使在全面胜利的兴奋中，为了长远的利益，仍然记着这条重要的信条——让别人保住面子。"

每个人都有自己的面子观念，这关系到自己的尊严和地位。但面对失败者或是弱势群体，很多女人很少想到这一点。一旦处于优越地位，她们便"耀武扬威"，无情地剥掉了别人的面子，伤害了别人的自尊心。这种心理是多么浅薄！其实，处于失败者位置的人，自尊心往往比胜利者脆弱得多。

当一个人遭受失败时，他的自尊心已经受到了部分的伤害，如果你再给他以打击，那你就连他最后剩下的一点儿面子也给剥夺了。他必然会记住伤害他的人，对之产生反感、厌憎乃至仇恨，对你的胜利从嫉妒上升到嫉恨。如果他是一个心胸狭窄的人，等他再次爬起来的时候，必然会处心积虑，伺机报复你。这时，他不仅仅是你的对手，很可能成为伴随你一生的敌人和心病。

因此，当别人遭遇不幸时，聪明的女人应该表现出一种谅解、包容的心态。这样，别人不仅不会妒忌你的成功，还可能为你喝彩。

英格丽·褒曼在获得了两届奥斯卡最佳女主角奖后，又因在《东方快车谋杀案》中的精湛演技获得最佳女配角奖。然而，在领奖时，她一再称赞与她角逐最佳女配角奖的弗沦汀娜·克蒂斯，认为真正获奖的应该是这位落选者，并由衷地说：

"原谅我，弗沦汀娜，我事先并没有打算获奖。"

如果褒曼对自己的获奖大肆赞扬，就很有可能引起伙伴的反感和嫉妒，从而影响今后的合作。褒曼很聪明也很有气度，她没有喋喋不休地叙述自己的成就与辉煌，而是对自己的对手推崇备至，极力维护了落选对手的面子。对手心中会十分感激褒曼，也会认定她是倾心的朋友。

其实，在现实生活中，你的合作伙伴、你的搭档、你的同事，在发生一些利益冲突时，都会成为你的对手。一旦晋升的机会走近你时，千万别得意忘形，记得多给对方一点儿面子，这不仅是对对方的一种尊重，也是为以后的合作扫除障碍。

往他人脸上贴金扑粉，不仅是一种大度、一种文明典雅的风度，也是为自己留条后路。

轻易承诺会让自己丧失人心

与别人交往时，有很多女人热衷于许诺，随便就说出了自己想为别人做的事情，可是给了别人希望之后又一次都没有实现，使别人一次又一次失望。久而久之，人们不会再相信你，也许还会以同样的方式对你。所以，生活中千万不要当“承诺女王”，做一个守信的人，幸运女神才会为我们开启通往成功的大门。

高红是某高校的系主任，在职称评定前，她向本系的青年教师许诺说，要让他们中2/3的人评上中级职称。但当她向学校申报时，学校回复说不能给她那么多的名额。她据理力争，跑得腿酸，说得口干，还是不能解决问题。她又不愿意把情况告诉系里面的教师，只对他们说：“放心，放心，我既然答应了，就一定会做到。”

最后，职称评定情况公布了，众人大失所望，把她骂得狗血淋头。甚至有人当面指着她说：“主任，我的中级职称呢？你答应的呀！”

而校领导也批评她是“本位主义”。从此，她在系里信誉扫地，校领导也对她失去了好感。

女人在工作中，千万不要像故事中的高红一样，草率许诺，许诺时更不要信誓旦旦，应留有一定的余地。因为事物总是发展变化的，原来可以轻松做到的事可能会因为时间的推移、环境的变化而有一定的难度。如果轻易承诺下来，有可能会自己陷入窘境。即使是自己有把握的事，也不要轻易承诺，否则，一旦遇上某种变故，本来以为能办成的事没办成，你在别人眼里就成了一个言而无信的人。

在承诺时，不要把话说得太满，那样很容易给人留下虚伪的印象。那么，怎样承诺才不会失分寸呢？应该根据具体情况采取相应的承诺方式和方法。以下3种方法可以参考和借鉴：

1. 对把握不大的事，可做出弹性承诺

如果你对情况把握不大，就应该把话说得灵活一些，使之有伸缩的余地。例如，使用"尽力而为""尽最大努力""尽可能"等较灵活的字眼。这种承诺能给自己留一定的回旋余地。

2. 对时间跨度较大的事情，可做出延缓性承诺

有些事情，当时的情况下可以办成，可是时间长了，情况会发生变化。那么，在承诺时可以采用延缓时间的办法，即把实现承诺结果的时间说长一些，给自己留下为实现承诺创造条件的余地。比如，有人要求老板给自己加薪，老板可以这么说："要是年终结算，公司经济效益好，公司可以给你晋升一级工资。"用"年终结算"一语表示实现承诺时间的延缓，显得既留有余地，又入情入理。

3. 对不是自己所能独立解决的问题，可做出隐含前提条件的承诺

如果你所做的承诺，不能自己单独完成，还要求别人帮忙，那么在承诺中可带一定的限制。比如，你承诺帮朋友办理家属落户的问题，这涉及公安部门和国家有关政策，你不妨这样说："如果以后公安部门办理农转非户口，而且你的条件又符合有关政策，我一定帮忙。"这里就用"公安部门办理""符合有关政策"等对承诺的内容做了必要的限制，既显示了自己的诚意，又话语灵活，具有分寸，还向对方暗示了自己的难处（也要求别人），一举多得。

为人处世，应当讲究言而有信，行而有果。因此，承诺不可随意为之，信口开河。聪明的女人在懂得一点儿社交心理后，要充分地估计客观

条件，不可轻易许诺。

须知，有了承诺，就应该努力做到，千万不要乱开“空头支票”，不然不仅会伤害对方，还会毁坏自己的声誉，使自己在社会上难有立足之处。

陌生男人也能成为朋友

女性在人际交往中大多表现得比较含蓄，面对陌生男性，总是犹犹豫豫，不敢近前，即使求人办事也会站在一边等对方注意自己，主动和自己搭讪，其实，这对女性的发展很不利。跟男人说话不用那么费劲，只要把他们当成自己的朋友，很容易就能聊开，慢慢就会成为真正的朋友。

在社交活动中，要学会主动，不要害怕开口，不要怕别人笑你。当你走进陌生人的住所时，可凭借自己的观察力，推断主人的兴趣所在，室内看起来较为特别的物品就很可能牵出一段故事。如果你把它当作一个线索，不就可以由浅入深地了解主人心灵的某个侧面了？当你抓到一些线索后，就不愁找不到话题了。

在你打算和某个陌生男人交往时，不妨将以下建议作为参考：

1. 先介绍自己，给对方一个接近的线索

自我介绍的切入点很多，如自己的工作单位、兴趣爱好等。需要强调的是，应该先从自己的情况入手，等时机成熟，对方也会告诉你他的有关情况。

2. 问一些有关他本人的一般问题

比方说，有关他子女上学或工作的情况，也可以问问对方单位的常规业务情况。对方介绍了相应情况之后，你也应该同样说说自己的情况，这样才能达到交流的目的。注意切忌问及对方的隐私问题。

3. 和陌生男人谈话，要全神贯注

正因为你和他不熟，所以更应当重视已经得到的任何线索。

4. 仔细观察对方的行为举止

他的声调、眼神和面部神态都可以稍加揣摩，以决定下一步能否向纵深发展。

应当注意的是，有些男人你虽然不喜欢，但必须学会与他们谈话。当然，人都有以自我兴趣为中心的习惯，但如果你对自己不感兴趣的人不瞥一眼，一句话都不说，恐怕也不是件好事。这样你可能被人认为是骄傲自负，甚至有些人会把这种冷落当作侮辱，从而产生隔阂。

和自己不喜欢的人谈话时，首先要有礼貌，其次还要注意尽量不要接触双方的隐私，这是为了使双方自然地保持适当的距离，一旦你愿意和他结交，就要设法缩小这种距离，拉近双方的心理距离。

总之，只要你能够采取积极的态度，就很容易把陌生男人变成朋友，这无论对你的生活还是工作，都有极大的帮助。

没人会拒绝你的微笑

有这样一个心理学实验：心理学家给两个人分别戴上一模一样的面具，上面没有任何表情。然后，他问观众最喜欢哪一个人，答案几乎一样：一个也不喜欢，因为那两张面具都没有表情，他们无从选择。

接着，他要求两个人把面具拿开，现在舞台上有两张不同的脸。他让其中一个人把手盘在胸前，愁眉不展并且一句话也不说，要求另一个人面带微笑。

他再问每一位观众："现在，你们对哪一个人最有兴趣？"他们选择了那个面带微笑的人。

这个有趣的实验足以证明微笑的魅力。"笑一笑，十年少"，我们都熟知这句话。有位世界名模也说："女人出门时若忘了化妆，最好的补救方法便是亮出你的微笑。"微笑是所有表情中最能给人好感、增加友善和沟通、愉悦心情的表现方式。一个女人的微笑，能体现出她的热情、修养和魅力，让她得到别人的信任和尊重。

当女人从心底发出微笑时，足以让灰暗的天空焕发出亮丽的光彩，让平庸的世界创造出伟大的奇迹……

达·芬奇的名画《蒙娜丽莎》中，那永恒的神秘而安详的微笑令世人沉迷了几个世纪。

在中国，则有“回眸一笑百媚生”的说法。不管你是艳若桃花的绝代佳人，还是长相平平的淑女，只要露出微笑的表情，就会增加在别人心目中的美好印象。微笑如绵绵春雨，滋润干涸的心田；又似徐徐春风，可以抚平或舒展心灵的皱纹。微笑是一种良好的社交风范，是高超的社交技巧之一。

带着微笑面孔的女人，更有成功的希望。因为她的笑容就是她传递善意的信使，她的笑容可以让所有人看到她的诚意，并乐意与她交往。

江丽是个皮肤黝黑光滑、身材微胖的年轻女孩，从外表上看来，算是其貌不扬。但是，性格直率、开朗大方的她以她的微笑征服了所有的人，无论是在生活上，还是在网络上，她都拥有很多的朋友。

江丽是一个闲不住的人，她喜欢每天忙忙碌碌地生活。所以，尽管生活条件优越，她却走出家门自己开了一间小茶吧。茶吧的生意十分兴隆，因为江丽面对顾客不仅热情周到，而且始终不忘亮出她的金字招牌——微笑。

她的微笑为她吸引并留住了许多顾客，有一位60多岁的老大妈经常光顾江丽的茶吧，总是对江丽说：“我每天转到你这里，就想来坐坐，因为很喜欢看你笑！”在网上，江丽的网友们也都很喜欢她。她的一位网友就说：“最喜欢看江丽的微笑！”因为江丽每次在聊天室打开视频时，都会情不自禁地微微一笑。那美丽的微笑就像一朵娇羞的水莲花，让人如沐春风。

人的容颜总有一天会衰老，人的身材也总有一天会走样，但一个人美好的微笑永远都不会老。每天开心地微笑的女人才是最聪明的女人，也是最美丽的女人。

微笑对于我们的社交拥有极大的助益。无论在家里、在办公室，甚至在街上遇见朋友，只要你不吝惜微笑，立刻就会收到意想不到的良好效果。许多专业推销员在每天清早洗漱时，总要花两三分钟时间，面对镜子训练微笑，视之为每天的例行功课。

“笑是人类的特权”，微笑是人的宝贵财富。微笑是自信的动力，也是礼貌的象征。只要人人都不吝啬自己的微笑，人与人之间的沟通将变得更加轻松。

与人交往，得理也要让三分

著名的哲学家、教育家苏格拉底曾经说过：“一颗完全理智的心，就像是一把锋利的刀，会割伤使用它的人。”在这个世界上，没有完全绝对的事情，就像一枚硬币一样具有两面性。这就告诫我们做人做事都不要太绝对，要给自己和他人留有余地。

在一个春天的早晨，格林女士发现有3个人在后院里东张西望，于是毫不犹豫地拨通了报警电话。就在小偷被押上警车时，格林女士发现他们都还是孩子，最小的仅有14岁！他们本应该被判半年监禁，但格林女士认为不该将他们关进监狱，便向法官求情：“法官大人，我请求您，让他们为我干半年的活作为对他们的惩罚吧。”经过格林女士的再三请求，法官最终答应了她。格林女士把他们领到了自己家里，像对待自己的孩子一样热情地对待他们，和他们一起劳动，一起生活，还给他们讲做人的道理。半年后，3个孩子不仅学会了各种技能，而且个个身强体壮，已不愿离开格林女士了。格林女士说：“你们应该有更大的作为，而不是待在这儿。记住，孩子们，任何时候都要靠自己的智慧和双手吃饭。”

许多年后，3个孩子中一个成了一家工厂的主人，一个成了一家大公司的主管，而另一个则成了大学教授。每年的春天，他们都会从不同的地方赶来，与格林女士相聚在一起。

格林女士就是“得理让三分”的典范。“人活一口气，佛争一炷香”，这是一个人在被人排挤，或者被人欺侮时，经常说的一句话。

“得理不让人，无理搅三分。”这是普通人常犯的毛病。其实，世界上的理怎么可能都让某一个人占尽了？所谓“有理”“得理”，在很多情况下也只是相对而言的。凡事皆有度，过了这个度就会走向反面。“得理不让人”就有可能变主动为被动；反过来说，如果能得理且让人，更能体现出一个人的气量与水平。给对手或敌人一个台阶下，往往能赢得对方的真心尊重。

一个人应该心胸宽广，要学会照顾别人的自尊。如果损失了金钱，还可以再赚回来；一旦自尊心受到伤害，就不是那么容易弥补了。“得理且让人”就是要照顾他人的自尊，避免给自己树敌。

第十章
瞬间读懂上司，职场狭路变宽路

职场性骚扰，如何“无害拒绝”

对于职场性骚扰，处理方法至关重要，尽可能低调处理，这样双方都好收场。尤其是对于上司的性骚扰，如果一时冲动而惹怒了上司，最终就可能得不偿失。而巧妙地与其周旋，让对方知趣地离开方为上策。在电视剧《杜拉拉升职记》中，杜拉拉就是一个应对性骚扰的高手。

杜拉拉来到DB之前曾在一家民营企业工作。在那里，她曾经两次遭遇老板胡阿发的性骚扰。胡阿发第一次不规矩时，杜拉拉采取了迂回妥协战术，先是表明自己有男友，然后顺着老板的话检讨自己的容貌，见这些方法不奏效，她只能忍着恶心，嗲嗲地表明事出突然，自己没有思想准备以麻痹敌人，让对方误以为“猎物投降”了。胡阿发第二次不规矩时，杜拉拉笑着说：“胡总，不好意思，我乱伸脚，碰到您了。”此话一出，便化解了尴尬，也让杜拉拉自己摆脱了窘境。

对于女性工作者而言，身在职场，难免遇到色狼，尤其是相貌出众者，一定要做好全方位的准备来迎接这场职场“暴风雨”。对于性骚扰，职场女性在保证自己不受侵害的前提下，可以选择各种应对方式。最常见的一种就是狠狠地甩出一耳光以消心头之恨。但这一耳光打出去不要紧，很多要紧的东西就被打没了，如果骚扰你的是老板，那你保住饭碗的可能性就很小。因此，一旦遇到这类问题，还是要学学杜拉拉的“软招”，更加灵活和巧妙地处理。

丽丽长得很漂亮，是一家企业的商务代表。在办公室里，她属于默默无闻的人物，但不知从什么时候开始的，上司开始“关注”她了。

刚开始，上司会时不时地到丽丽所在的办公室对她表示“关心”。面对同事们怪异的眼神，丽丽觉得很尴尬，但她又庆幸是在公共场合，同事都在，上司不会对她有什么越轨的行为。但是后来，上司居然打电话叫丽丽到他办公室去，说是谈工作上的事。这以前一直是丽丽的直属上司去的，现在直接叫丽丽去，弄得直属上司看她不顺眼，同事们也在背后悄悄地议论。

为了保住工作，丽丽都忍受了。刚开始的时候，他们谈话的内容大多和工作相关，但是谈到最后就扯远了，而且在谈话的时候，上司还时不时地用手碰丽丽的肩膀。有一次，上司故意用手触碰丽丽的胸部。丽丽大为恼火，当场就甩了上司一个响亮的耳光。这之后没几天，丽丽就被上司随便找了个理由解雇了。

丽丽处理上司的性骚扰的方法让对方下不来台，虽然自己痛快了，却也搞丢了工作。面对这种情况，其实可以运用一些心理技巧，采取巧妙的计策来回避，或者用语言来暗示上司。

亭亭是个漂亮的女人，有许多追求者，单位里就有一位男上司对她紧追不放。男上司经常有意无意地骚扰亭亭，这使亭亭很讨厌他，但碍于对方是上司，亭亭不好发作。后来亭亭想了一个好办法，每次这位男上司邀请亭亭去玩或者借口有其他事约她的时候，亭亭总是带上朋友赴约，要不就是先约朋友到上司约的地方，然后假装巧遇，大家一起玩，这让男上司失去了骚扰她的机会。如果哪次单独赴约的话，亭亭总会提前告诉朋友在某一时间给她打电话。久而久之，男上司看亭亭实在没想象中的好对付，也就不再纠缠她了。

亭亭的高明之处在于巧妙地运用了回避战术，她并没有像丽丽那样与上司正面冲突，而是设计了一些“圈套”来避开上司的骚扰。同时，她也在暗示自己对待此事的态度，最后让上司知趣地离开了。这样既保护了自己，也没有“得罪”上司。

很显然，亭亭的处理方法要比丽丽高明得多。对于上司的性骚扰，使用这种“软性对抗”有时是很有效的。如果你不想把事情闹大，对方却苦苦纠缠，那么这种回避或暗示的态度，无疑就是最佳选择了。如果上司仅仅是口头骚扰，你可以经常绵里藏针地让他明白你很鄙视他的这种行为，这样他就会有所收敛；而对那些肢体上的骚扰行为，刚开始的时候，就要明确地告诉他离你远点儿；假如他仍然纠缠你，就得让他明白，如果不停止这种行为，你便要开始进行回击了，这样才能更好地避开对方的骚扰。

把握与男上司交往的距离

大多数领导都有自己独立的办公室，这个办公室由领导独自使用，女性下属在这里与上司接触时，需要注意保持彼此的距离。当你要去上司办公室谈工作时，一定要光明正大，与同事打个招呼，必要时还可拉一位同事一起去。这样，别人就不会有所猜疑了，上司自然也不会生出什么不好的想法。

职场上，最忌讳的是偷偷地溜进领导的办公室。这种看似“做贼心虚”的做法只会给自己增添麻烦。所以，女性下属与上司相处，一定要公开、大方，尽量使自己与上司的关系处在众人目光的监督和保护之下，从长远看，这样做对自己有百利而无一害。

妮娜一心想讨好上司，并且很爱向别人炫耀自己和上司的关系如何如何之好，企图以此来提高自己在单位中的地位。

一次，单位组织全体职员去春游，一上车，妮娜就捷足先登，坐在了男经理的身边。一路上，她与领导谈笑风生，显得亲密无间，根本不在乎周围同事的看法，到达目的地后，她更是与领导形影相随。于是，春游之后，大家都不无讽刺地称妮娜为“经理的小秘”。

妮娜的这种做法没有任何高明之处。如果说妮娜也有所收获的话，那就是获得了一个坏的名声。聪明的上司绝不会“顺水推舟”，而会避之唯恐不及。

另外，女性在工作中，一定要慎与家庭关系不和睦的领导交往或轻易对其表示同情。家庭不和，夫妻反目成仇，势必造成双方的烦恼与痛苦。这时若有未婚或者已婚年轻下属出于同情而与异性上司频繁交往，定会影响工作。

例如当上司借故邀约你，你可以装傻充愣，问他：“你太太也一起来吧？”或者，表示高兴：“噢，好的，顺便介绍你太太给我认识吧！听说她厨艺非常好。”有些男人会不避嫌疑，直接邀请。你也不妨大方答应，但只赴些小约，如午饭、下午茶之类。另外，要借故获得上司家中的电话号码，在必要时打电话给他太太，与她交朋友，让别有用心的上司不能得逞。其实，平日留心一点儿，当上司太太给公司打电话时，也可以借故认识她，找她做挡箭牌。

作为职场女性，还要有一定的心理准备，去应付那些喜欢占女性便宜的客户。“有这样标致的助手，难怪你老板永远笑口常开。”对付客户的这种不尊重，不妨还以颜色：“有你这样阔绰的客户，老板才真正笑得开心。”保持你不可侵犯的形象，别人就是要占便宜，也不会找上门来。

一方面要敢于反抗性骚扰，另一方面，也不要搞得草木皆兵人人自危。要区别什么是不怀好意的骚扰，什么是出自善意的关爱，以免把局面弄僵。工作勤奋的你深得老板赏识，一天老板竟要为你做媒，盛情难却，怎么办？你不想因拒绝而破坏与老板之间的良好关系，或者接受而令关系复杂化，所以拒绝他的好意就得用些技巧了。

老板只有真的待你好，才会有此举动，但这会给你带来麻烦。因为无论你与他介绍的那个人是否合缘，只会令老板对你多一重考虑，所以，聪明的做法是使事情冷却，告诉老板：“我宁可将私生活与办公室工作完全隔离，但无论如何，感谢您对我的关心。我将更努力地工作。”如果对方仍坚持并且替你制造罗曼史，为免弄僵场面，不妨答应跟他去喝杯咖啡，但记着要选择（争取选择权）离办公室较远的地方，避免遇上同事。

老板可能纯属好意，亦有可能根本不了解你的心思。但不必解释，无须动怒，也不必烦恼，只需持续地、有耐心地拒绝他，直至他明白你的意思，事情就会简单得多了。

从眼神判断老板的心理

有些女人本来能力不错，其职场之路却走得不太顺畅，往往是因为她没有“眼力见儿”。在职场中办事一定要看人心情，尤其是看自己上司的心情。懂得这一点的女人会从各个方面看穿上司的心理，眼神则是其中最重要的一环。

透过眼睛看人心的方法由来已久。性为内，情为外，性为体，情为用，性受外来的刺激，发而为情，刺激不同。情之最显著、最难以掩饰的部分，不是语言，不是动作，也不是态度，而是眼睛。言语、动作、态度都可以用假装来掩盖，而眼睛是无法假装的。我们看眼睛，不看大小圆长，而重在眼神。

例如在谈论某件事或你向领导提出某种请求时，可以从对方的眼神判断事态：

1. 眼神沉静

他对于你所认为着急的问题早已成竹在胸，如果他不肯明说，这是因为事关机密，不必多问，只要等待他的通知便是。

2. 眼神散乱

对于你所认为着急的问题，他也是毫无办法。你得心平气和，另想应付办法，不必再多问。

3. 眼神冷漠，仿佛有刺

他对于你是冷淡的，如有请求，暂且不必向他陈说，以免给他不知趣、不识相的印象。这时，最好退而研究他对你冷漠的原因，再谋求恢复感情的途径。

4. 眼神阴沉

这是不好的信号，如果你与他交涉时看到这种眼视，就需要小心一点儿，也许他对付你的招数正伺机而出。如果你不是早有准备想和他见个高低，那么最好从速鸣金收兵。

5. 眼神流动异于平时

他想给你苦头尝尝。前后左右都可能是他安排的陷阱，一着不慎便可能跌翻在他的手里。他是个诡而不正的人，不要相信他的甜言蜜语。

6. 眼神呆滞，唇皮泛白

尽管口中说没关系，有办法，但实际上他对于当前的问题惊恐万分。他虽未绝望，却一点儿也想不出办法来。你不必再多问，应该自己考虑应对方法，作为互相切磋的资料。如果你已有可靠的办法，应该向他提出，并表示有几分成功的把握。

7. 眼神似在发火

他此刻是怒火冲天，怒气极盛，如果不打算与他决裂，应该表示可以妥协，速谋转机。否则，再逼紧一步，势必会引起正面的剧烈冲突。

8. 眼神恬静，面有笑意

他对于某件事情非常满意。如果你有所求，这就是个绝佳机会，相信他一定比平时更容易答应你的请求。

9. 眼神散漫，神不守舍

他对于你的话已经感到厌倦，再说下去必无效果。你不如赶紧告一段落，或者寻找新话题，谈谈他所想听的事。

10. 眼神凝定

他对于你的话认为有听听的必要，应该按照你的计划委婉述说。只要你的见解不差，办法可行，他必然是乐于接受的。

总之，眼神有动有静，有流有凝，有散有聚，有阴沉，有呆滞，仔细参悟之后，必可发现隐含在里面的心情。看懂了上司的心情，会让职场女性更清楚应该何时进、何时退。

越位就是心理冒犯

在很多情况下，上司的能力不一定比下属强，但这不能改变上司与下属之间从属的关系。可是把自己的聪明才智无私地奉献给上司，有些女人认为这样太冤了，心理上难以平衡。可是聪明的女人知道：只有上司得到提升，自己才有出头之日。你在紧急关头及时“救驾”，你的上司会从此视你为得力干将，对你另眼相看。一有机会，你得到提升便是水到渠成的事情。

王红和刘晶是同一部门的普通工作人员，她们有一个共同的特点，就是精明果断，办事能力颇强。但该部门的主管与她们相反，办事拖拖拉拉，优柔寡断。对此，心高气傲的王红早就颇有微词。公司向该部门下达了新的业务指标，主管反复考虑，瞻前顾后，一直无法提出具体的计划和方案。心怀不满的王红直接向总经理打报告，提出了自己的一套方案。而为人低调的刘晶选择跟主管共同商量，拿出相应的对策和方案。在刘晶的启发下，主管凭借自己丰富的实战经验，很快提交了一套同样出色的方案。最终，公司采纳了主管的方案。不久，主管获得提升，刘晶在他的推荐下，接替了他的位子。怨气冲天的王红很快便离开了公司。

如果想要取悦上司，或者要给他们留下深刻的印象，千万不能表现过头，炫耀自己的才能往往会适得其反。因为这会引起上司的恐惧和不安。要想办法让你的上司看起来比他本身要高明得多，到那时，你就比较容易获得提升。

“到位而不越位”讲的是个“度”的问题。在与上司的工作交往中，除了要摆正自己的位置，更重要的是把握好自己的职责权限。分内的事情努力做好，分外的事不要轻易插手，尤其不可做出越级越权的事情来。

越级越权，企图盖过上司的风头，在上司的上司那里表现自己，会给自己以后的晋升带来难以逾越的障碍。因此，除非万不得已，千万不要越级。以下3点事项需要身为下属的你时时注意：

1. 明确工作权限

进入某一岗位，需要弄清楚自己日常扮演的角色，应当履行的职责，应当遵守的行为规范。

2. 分清“分内”和“分外”

在其位要谋其政，处理不属于自己职责范围内的事务便要小心谨慎，尽量少插手、不插手。当然，不排除有些上司会下放自己的某些权限，把本属于自己职责范围内的一些工作交给值得信赖的下属去做。此时，作为下属，一定要加倍认真，全力以赴，发挥自己的极限水平去做好。应当注意的是，必须由上司亲自委派你干这项工作，一般情况下不要主动要求，以免上司认为你插手太多。

3. 不可轻越“雷池”

遇到自己不熟悉的工作时要多请示，否则，往往会不自觉地造成越权行为，好心办错事。“雷池”不可轻越，万事谨慎为先。

职场女性一定要记住，职务上的越位对上司来讲就是心理上的冒犯。想要自己的职场之路顺利无阻，千万不要干出越位的傻事来。如果你越位了，表面上你的顶头上司可能不会说什么，可难保他不记在心里，伺机给你致命一击。所以，谨记这一点：不能越位。

满足上司的尊重需求

上司永远是上司，即使再小的、再不重要的事，也要让他定夺。因为这代表着你对上司的尊重和重视。

在不该说话的时候说话、不该做主的时候做主，是职场新人常犯的毛病。你必须知道，无论你帮老板管了多少事，也无论你的老板多么糊涂，甚至依赖你到了你不在他连电话都不会拨的程度，他还是你的老板，大事小情还得由他来做主。出了错，他承担；有面子，也该由他来卖。

这是一个让人深思的关于自作主张的故事：

有家杂志社给一位作家做了一期专访，专访刊登后，作家收到了一本样刊。他想多要几本送给朋友，便打电话给这家杂志社的主编。

主编不在，杂志社里一个助理编辑接了电话。彼此寒暄说明身份后，作家说："麻烦你帮我找一下主编，我希望多要几本这期杂志。"

"这个没问题！您直接派人过来拿就成。"助理编辑爽快地说。

作家正打算驱车去拿杂志时，却接到主编的电话："对不起！刚才我不在，我派人给您多送了几本杂志过去，应该很快就送到了。"停了一下，主编又说："不过，我想知道是谁告诉您可以立刻过来拿。"

作家很奇怪，于是问道："有问题吗？"

"当然没问题，您要10本都可以，我只是想知道，是谁自作主张。"

事情的结果可想而知，那位自作主张的助理编辑免不了受到上司的一番责备。上司认为她目中无人，她在主编心目中的印象也大打折扣。

既然是别人点名找你的上司，作为下属就应该如实转告，而不是替他做主。虽然只是一句话而已，但本来可以由上司卖出的人情，却被你"挥霍"了，上司能不为此反感吗？老板就是老板，下属就是下属，不要自以为聪明，就可以自作主张，真正的好下属要懂得什么时候该说，什么时候该做。

不自作主张，这是职场处事的基本要求，此外，你还需要做到遇事时多和上司商量，多让上司给你做主。

你有没有常常向上司询问工作上的事，或者是自己的问题？有没有跟他一起商量？如果没有，从今天起，你就应该改变方针，尽量详细地发问。下属向上司请教并不可耻，而且是理所当然的。有心的上司，都很希望他的下属来询问。这一方面表明下属的眼里有上司，尊重上司，尊重上司的决定；另一方面，下属就工作上的不明之处询问上司，不仅得到了比较妥当的处理方法，也相当于向上司反馈了工作中的难点，使上司及时获知了相关业务的进展。

如果员工假装什么都懂，什么事都不想问，上司会觉得"这个人恐怕不是真懂”，对你是否会在重大问题上自作主张而产生担忧。在工作上，做出关于重大问题的决策时，不妨问问上司，“关于某件事我不能擅自下结论，请您定夺一下”，或者“这件事依我看不这样做比较好，不知部长认为应该如何”等。

其实，客观来说，仅就工作而言，下属自作主张带来的后果，往往并非全都是消极的方面。可以想象，哪有那么多员工笨到不知轻重的地步，敢于擅自替上司做出关乎单位整体利益的主张？除非他真的是个没有自知之明的人。然而，这种自作主张所带来的对职场上的等级及人际关系常态的冲击，往往是十分明显的。

因此，工作中不妨多与上司沟通，让他为你出谋划策。假使你有迷惑不解的事、苦恼的事，诸如工作上的难题、家中的困扰等，也可以尽量向上司提出，同他商量。尽管你并不会真正听从上司的意见，但是这样做会使上司产生“他什么事情都听我的”的心态，认为你在什么问题上都会重视他的意见，在工作上也不会私自越权决策，由此对你产生信任。

在职场上，女人必须时刻牢记一条：上司永远是决策者和命令的下达者。无论我们对自己的判断力有多大的把握，无论代替上司决定的事情有多小，都不能忽略上司同意这一关键步骤。否则，当上司意识到本应由自己拍板的事情，被下属越俎代庖，他所产生的心理上的排斥感和厌恶感，以及对于下属不懂规矩的气恼，足以毁掉你平时小心经营，凭借积极努力所换来的上司对你的认同。所谓“一着不慎，满盘皆输”，莫过于此。

好上司也是“捧”出来的

从一定程度上讲，成就感是上司最为注重的东西。夸奖上司就是要强化其成就感，让他获得更大的心理满足感。任何人都喜欢听赞扬的话，上司也不例外，他们更需要自己员工的称赞和肯定，换句话说就是上司更需要捧。

明代才子解缙有一次陪同太祖朱元璋在金水河钓鱼，整整一上午一无所获。朱元璋十分懊丧，便命解缙写首诗。解缙犯了难：皇上没钓到鱼，已经够扫兴了，如再来一首扫兴的诗，岂不是要令龙颜大怒？但解缙毕竟不同凡响，他略加思索，一首诗便脱口而出：

数尺纶丝入水中，金钩抛去永无踪。

凡鱼不敢朝天子，万岁君王只钓龙。

朱元璋听了，笑逐颜开，刚才的烦恼烟消云散了。

解缙的诗产生了奇妙的效果。他强调了皇上的高贵地位，与平常百姓是有所差别的：普通人钓鱼，天子则是钓龙，这金水河里没有龙，而凡鱼没有资格朝见帝王，所以你什么也没有钓上。这回答多么在“理”。

毫无疑问，解缙肯定得到了朱元璋更深的信任。所以，权高位重的人，更需要别人强调他的成就，并且加以称赞。赞美上司，夸其善用人是最好的肯定。

梅子在局图书馆担任管理员已好几年了，但她的兴趣和才能主要在组织管理方面。局里的一次大型活动中，由于缺人手，临时借调了她，她将整个活动安排得井井有条。上司将她调到办公室担任主任助理，她干得挺不错的。她找了机会特地向上司表示感谢，并说上司是位知人善用的伯乐，上司的高兴劲儿自然溢于言表。

每一位上司都会喜欢梅子这样的下属，职场女性要好好学习梅子“捧”上司的技巧。

如果你的上司做的事情不是很大，公司发展较为缓慢，那么，可以强调从无到有已经很不错了（如果他是创业者）；或者对他说：现在生意挺难做，公司能维持如今的局面已算是经营有方了。你的上司并不会认为你在刻意地奉承他，而是会认为你言之有理，心里感到平衡，并能获得一些成就感。

如果你的上司正好取得了事业上的成功，那么可以由衷地去赞美——为他的成功而自豪。他那最闪亮的一刻是他自我价值得到最大化实现的一刻，你可以尽情地赞美其事，并表达你的崇拜。无论怎样，上司都不会拒绝别人的崇拜。下属的崇拜将使上司的成就感更为强烈，并深深体会到自己的价值感。

赞美上司成就的同时，可表达关心。成就是需要付出辛勤劳动的，身心会疲惫，那么这种关心会让人心醉。关心的话语，会使上司深深地感到自己的成就已得到了大家的承认，也因此更加得意。赞美上司的成就时，还可表示你的信赖。比如“郑总，大伙儿私下里都在夸你的成就，有你这样的带头人，公司的前景一定会很美好”等。

聪明的女人，读懂了上司的心理，学会正确地“捧”上司时，你的职场生涯定会顺畅很多。

照顾好女上司的面子，保住自己的位子

21世纪是一个“她”世纪，越来越多的女性在职场中走上了管理者的位置。相对于男上司来讲，女上司的细腻、感性让她们在管理上更胜一筹，但也正是因为她们细腻、感性，一些职场新人往往会在某些与能力无关的事情上惹怒她们，使自己成为职场暴力的受害者，小雅就是其中之一，让我们先来听听她的讲述。

我今年刚毕业，之前在一家广告公司从事广告策划工作。没有通过试用期，现在离职了。最近一段时间情绪比较低落，第一份工作就以失败告终让我备受打击，我很想知道自己到底什么地方做得不好，导致“出师不利”。

广告一直都是我很感兴趣的工作，能找到那份工作我很开心。刚开始上班的时候我特别高兴，觉得同事们都是年轻人，肯定好相处。上司葛姐是个40岁左右的女士，很斯文，不苟言笑，待人还算和蔼。

工作试用期是3个月，我在心里暗暗下决心好好工作，争取按时转正。刚入行，有很多东西需要学习，我总是非常谦虚地向同事学习。每天中午吃饭时间或者下午下班后，我们几个女同事就时常在一起交流一下化妆、穿衣

的心得。她们都说我会打扮，穿着既时尚又大方，经常让我给她们当时尚顾问。我也非常乐意跟她们交流一些美丽的秘诀。我觉得这没什么不妥啊，大家都是年轻的女孩子，爱美也很正常啊。可是我发现葛姐的脸色一天比一天难看了，我非常纳闷是不是自己什么地方没有做好。我仔细想了想，没有啊，在工作方面我一直非常努力，两个月里我有3个创意被客户认可，已经投入使用了。虽然不能说成绩显著，但也还是很不错的。在人际交往方面就更没有问题了，跟女同事都相处得很好，有很多男同事也很喜欢跟我交往，毕竟大家都是年轻人，谈得来。我也没有得罪她啊，什么工作我都是先请示，再汇报，自己不懂的地方就向她请教，我觉得自己做得已经很好了啊。我不明白她为什么给我脸色看，好像对我带有敌意。后来想想也许是自己多心了吧，可能她对别人都是那样的，就没有太在意了。

后来葛姐对我的态度越来越差，动不动就说我，“衣服太随意了”“总是跟男同事在一起说话”“上班的时候注意形象”……不仅如此，她还经常让我做一些杂事，“小雅，去邮局把这封信寄了”，明明楼下有邮箱，她非要我去邮局。“小雅，今天加班，你去市场买点儿水果”，行政助理明明闲得无聊，在打游戏，她非要我去做这些事情。尽管这样，我还是尽量按照她的吩咐去办，丝毫没有怠慢。

可即使是这样，让我没有料到的是，在试用期将满的时候，她却认为我表现不好，不具备广告人的基本素质。我因考核没有及格，最终离开了那家公司。走的时候同事们都很诧异，说我明明表现很好，怎么会不及格呢？我也因此很困惑。

小雅美丽大方、活泼开朗、衣着光鲜、头脑敏捷，这样的人在办公室绝对是一道亮丽的风景，既能活跃气氛，又能拿下业绩。按常理来看，她应该是个香饽饽，大家都会争着抢着要雇用她才是。可为什么事实却让人大跌眼镜？在我们为她扼腕叹息之余，不妨想一想是什么造成了她的不幸。

仔细揣摩小雅的故事，葛姐对小雅的态度转变，甚至以不太公平的方式将其解雇，个中原因，我们大概能猜到几分。作为办公室里的领导者，同时作为女性，葛姐自然希望自己是办公室里的主角，大家的目光能紧紧地追随她，只有这样她才感到安全。同时，作为40多岁有点儿年龄压力的职场女性，她更愿意别人欣赏她的内涵和能力，而回避长相、穿着、化妆等敏感话题。也许你会认为这是一种虚荣，但是作为领导，这种虚荣必不可少。初出茅庐的小雅不知道领导的心理，在她面前大肆显露自己的年轻和时尚，丝毫不收敛自己青春的魅力，而且成功网罗了办公室里男女同事的好感和尊重。所有的这一切对身为上司的葛姐来说都是一种威胁。卧榻之侧，岂容他人酣睡？葛姐对小雅采取一些非常手段也就能够理解了。

也许你会说这都是些无关痛痒的小事，没必要非得把人逼走，但是很多女性最在意的恰恰就是这些小事。心理学家研究表明，在中国传统观念里，女性是相夫教子的角色，很少能在事业上独当一面。因此，当女性好不容易通过自己各方面的努力当上上司之后，就很可能将领导的角色放大，以抵抗社会偏见。在这种情况下，她们往往要付出更多的努力，在认知上也更希望得到别人的认同，因此在工作中时常表现出更爱面子，更计较得失，控制欲更强，对制度更加偏爱，对别人的意见也更敏感等特点。同时，与生俱来的女性特征也让她们更注重细节，比较关注职场上的种种细节。

既然女上司看重员工在细节上的表现，那么重视各项细节就是非常必要的。从穿着到处世，从言行到态度，方方面面都要做好。特别是年轻漂亮的女人，更要弱化自己的年龄优势，即使别人表现出对你衣着和相貌的夸赞，也要表现出相应的谦虚，比如，你可以说：“其实我觉得，女人的容颜实在是无足称道，只有她的智慧和能力才值得尊重和赞美。”

在穿着方面，如果上司比较朴素，你也尽量穿得朴素一点儿，太艳丽的装扮会引发女上司的防御心理，并且穿衣风格过于怪异有可能让她对你的工作能力产生怀疑。如果上司对时尚的东西不敏感，那么最好尽量避免显露你的时尚品位。

除了在衣着和言辞上做文章，在交流方式上也需要注意。女上司对来之不易的领导尊严都有保护倾向，并且更喜欢以等级制度的形式来展示这种领导优势，所以请记得给女上司足够的领导尊严和优越感。比如公司聚会时主动敬酒表示尊敬，遇到生活上的困惑也可以向她求教，请她帮忙出主意，以表示你对她的信任。

总之，与感情细腻的女上司共事，不要因小失大。照顾好女上司的感受，她细腻敏感的心思也能感知你的用心。相反，你完全不考虑她的处境，那么她也就没必要考虑你的前途，甚至可能给你安一个莫须有的罪名把你辞退。

第十一章
搞定同事，让办公室不再暗涛汹涌

“男女搭配，干活不累”要适度

吴霖是一家广告公司的设计师，自从他上班以来，他所在的办公室就是清一色的男士。吴霖是一个非常勤劳的人，他喜欢不断地工作，不断地产生新的设计思想。然而，最近两年，他发现自己在办公室待得太久之后，经常会莫名其妙地产生一种无聊感、空虚感，而且白天很容易疲劳，创作与设计方面的灵感也似乎逐渐枯竭了。然而，一个月之前，吴霖所在的公司为吴霖的设计室聘来一位年轻貌美的美术学院毕业的女大学生小梦。吴霖发现，只要有这位女大学生在办公室，他工作起来就特别有劲儿，设计东西也特别有灵感，而且他还会莫名其妙地产生一种欣喜感和兴奋感。

以后，只要有小梦在，吴霖就有事没事地借口加班，耗在办公室里，还故意给大家讲些冷笑话，时间长了，同事们都感觉有点儿不自在。

吴霖在女大学生来了之后所产生的这种心理，正是我们平时所说的“男女搭配，干活不累”。像吴霖一样，其实我们每个人都会有这样的体验：和异性在一起工作总是会感到轻松愉快，不知疲倦。这种体验符合心理学上的一个定律——异性定律，即人与人之间同性相斥，异性相吸的现象。

我们都知道，人们一般对异性更感兴趣，特别是对外表漂亮，谈吐得体的异性更容易产生好感。比如在日常生活中，女营业员接待男顾客就比接待女顾客热情些。而吴霖错就错在表现得过火了，引起了大家的反感。

除了心理和精神方面的因素以外，研究人员还提出了另外一种解释“男女搭配，干活不累”的理由。科学家发现，人体向外释放的外激素非常容易被周围的异性接收到，并对他们的行为产生影响。外激素是通过分布在人或动物皮肤或外部器官上的腺体向外释放的激素，一般都有明显的气味。

在宇航员、野外考察人员或男性工种较单一的职业中，时间长了，其工作人员会产生一种莫名其妙的头晕、恶心和不适感。这种状况用药物治疗往往无效，但在与异性接触后，就会很快得到缓解。原来，这种“病症”是性比例严重失调，异性气息极度匮乏的结果。一些国家在派往南极的考察队员中，往往有意识地安排一些女性，这是有其良苦用心的。

无论男性或女性，长时间从事某一单调工作之后，都会感到寂寞、疲劳、工作效率低下等。而异性加入团队以后，这种情况马上会得到缓解。员工感到工作轻松多了，而且效率特别高。在办公室里，对异性定律进行合理利用，可以让许多事情达到事半功倍的效果。与异性在一起工作，往往有以下好处：

1. 取长补短，完善个性

男性一般性格开朗、勇敢刚强、果断机智，不拘泥于小节，不计较得失，行为主动；而女性往往感情细腻丰富、举止文雅、灵活、委婉，性格比较被动。男女共事，能够优势互补，同时容易发现自己的缺点，并完善自己。

2. 增强推动力和约束力

人总想在异性面前表现自己最好的一面，因为得到异性青睐是我们的巨大动力。因此，男女在一起工作，就容易激发出各自最好的表现，各显其能，发挥出最大的能力，同时有一种内在的心理约束力，来规范自己的言行。

不过，“异性定律”不能滥用。在与异性交往的时候要掌握好一定的“度”。在这个“度”之内，异性定律会带给我们诸多好处，而一旦超过了这个“度”，就得不偿失了。

刘璐在一家公司做经理助理，人长得漂亮，个人能力无可挑剔，性格又开朗活泼，因此深受公司上下的喜爱。公司不少男同事对她颇有好感，私下里约她吃饭，她从来不拒绝。在她看来，能天天有男人请客，既能省去自己的开销，还能在男人热辣的眼神中怡然自得，何乐而不为呢？而作为回报，她则时不时向那些男人暗送秋波，或是发几条暧昧短信，但从不和他们有更深入的交往，惹得那些男人更加心痒痒了。在刘璐看来，她追求的正是这种“百草丛中过，片叶不沾身”的效果。在这个岗位上做得春风得意的刘璐渐渐地便有些得意忘形了，常常因为忙着和男同事聊天“调情”而延误了工作，终于惹火了经理，最后被辞退了。

职场中的女人要知道，公司聘请你是因为你的工作能力，而不是因为你在异性眼中的赏心悦目。支撑生存最重要的是锻炼你的工作能力，在普遍男性强势的职场中打拼出女性自己的一片天空来，而不是过于依赖“女色”的力量，依靠和男人们调情的手段来博取他们的欢心。

读懂身边男同事的心理

在当今社会，女人要把应对身边的男同事作为一堂必修课，应对得巧妙，就会使你的工作如鱼得水，进而对你的事业产生积极影响；应对得拙劣，就会给你的工作增加阻碍，从而影响事业的发展。只有洞悉了他们的真实心理，才能在与其交往中得心应手。因此，有必要在平时细心观察，给他们做一做心理分析。

一般来说，办公室里的男人有以下几种类型：

1. 不忙装忙的男同事

这类男同事，为了掩饰工作能力低下，力图通过在别人面前装出一副努力工作的样子使同事，特别是领导不会轻视自己。事实上，他们的工作业绩非常差，为了掩饰自己，保护自己的弱点不会被同事或上司发现，他们除了假装忙碌之外别无选择。

2. 厚己非人的男同事

懒惰是他们最大的性格特征。他们认真工作，忙忙碌碌，但都是表面现象，在困难面前逃得比谁都快；总是用异样的眼光看待其他同事，觉得他们不务正业，欺骗上司，谁都没有他们那样热爱自己的本职工作。其实他们最希望得到的是加薪和升迁，但懒惰的他们不会比其他的人多干一点儿，假使多干了一分钟，也要到处宣扬。

3. 看上司脸色行事的男同事

这类男人表里不一，只有当上司在场的时候，才会聚精会神地工作，而上司一旦消失，他们的干劲便会回落到谷底。他们在生活中也是玩着当面一套、背后一套的把戏，用一张伪善的面孔面对周围的人和事。

4. 心不在焉的男同事

他们不重视谈话过程，自然不会在意谈话内容，即使用心听了，也是粗枝大叶、丢三落四。这种结果的外在表现是他们办事容易拖拉，一延再延，因为他们根本就不知道对方想让自己做什么，而且得过且过；如果目标已经明确，条件也具备和成熟，他们又往往无法把精力集中起来，接到手中的任务往往不了了之，毫无责任感，很难有所成就。

5. 趁人不注意窥视他人的男同事

如果说女人喜欢窥视他人，最多不过是想八卦一下，无伤大雅，那么一个男人喜欢窥视他人，就要小心了，因为他们往往是那种处心积虑、心术不正的人。这类男人自身没有什么特长或惊人之处，但总是想着能够“不鸣则矣，一鸣惊人”。他们不知如何才能实现这个愿望，而现实当中又很少有人愿意理会这些空想家，结果他们的自尊心受到很大的伤害。为了实现自己的白日梦，向世人证明自己的存在价值，他们学会了工于心计，善使心机。

6. 喜欢凝视对方的男同事

凝视是一种意志力坚定的表现，这类男人往往不用过多的言语和动作就已经显得咄咄逼人了，表明了他现在是充满力量的强者。如果眼光真的可以杀人，他们的凝视肯定可以成为致命武器，因为与这种目光接触，难免会有受到攻击的恐慌。其实，大多数男人之所以凝视他人，只是为了想看穿对方的性格而已，并无实际攻击意图。

7. 动作夸张的男同事

哪怕是鸡毛蒜皮大的小事，他们也要上蹿下跳，搅得周围的人不得安宁。但他们的本质是好的，并不是存心想要别人不舒服，之所以会这样，其实是按捺不住热情和好强，认为光靠言语不足以表达心中炽热的感情，所以必须加进一些夸张的动作，以引起他人的注意。其实在他们的内心深处，通常存在着极度的不安，因为他们无法确定自己能否被别人认可。

8. 喜欢目光接触的男同事

眼睛是心灵的窗口，与别人目光接触，无疑是主动向对方展示自己的内心，表明他既希望深入了解对方，也为对方了解自己敞开了大门。他们充满自信，个性直爽，从不怀疑自己的动作会给他人带来不愉快。他们懂得为他人着想，所以做事专心，尽量满足大家的要求，希望做出好的成绩让公众认可自己，接纳自己；他们懂得礼貌在交际中的作用，能够把握分寸，非常适合需要面对面进行交流的工作。

以上是一些男同事经常有的表现，通过这些表现，你可以看透男人们的心理，进而在交往和工作中游刃有余，应对自如。

和每个人都说声“早上好”

职场中的交际女王总结出了这样一个真理：在职场中要想处理好错综复杂的人际关系，起到关键作用的很可能就是一句简简单单的问候语。

不管你昨天睡得多晚，有多累，在早起后，在这新的一天里，都要精神百倍地向你周围的人问声“早上好”，尤其要向你的老板和同事问声“早上好”。

也许你认为说早安是很简单的事，或者没有这个必要。有些人向别人道早安时连身边的人都听不到，或蜻蜓点水似的一带而过；有的则极不情愿，毫无感情色彩，只是例行公事而已；有的甚至只看一眼就一声不响地坐下。

问声“早上好”就是打破从昨天下班之后到今天早上一直处于停顿状态的同事关系，重新开始新的一天的人际关系，所以这是一个很重要的举动。

如果希望在新的一天当中，自己的人际关系更加圆满新鲜，无论如何都要清新、明朗地和周围的人道早安。

有这样一个小故事，说明了“早上好”的作用。

在去芝加哥上班的路上。一车的人谁也没有讲话，大家躲在自己的报纸后面，彼此保持着距离。

汽车在树木光秃、融雪滩滩的泥泞路上前进。

“注意！注意！”突然一个声音响起，“我是你们的司机。”他的声音威严，车内鸦雀无声。“你们全都把报纸放下。现在转过头去面对着坐在你身边的人。转啊！”车上的乘客全都照做，却无一人露出笑容，这是一种从众的本能。“现在，跟着我说……”接着是一道用军队教官的语气喊出的命令，“早安，朋友！”

大家跟着说完，情不自禁地笑了笑。

一直以来怕难为情，连普通的礼貌也不讲，现在腼腆之情一扫而空，彼此的隔阂消除了。有的又说了一遍后彼此握手、大笑，车厢内洋溢着笑语欢声……

一句“早安，朋友”一出口，奇迹出现了：彼此的隔阂消除了。为什么这句话有如此巨大的魔力呢?

“早上好”不仅仅是一句问候语，还是亲善感、友好感的表示，更是一种信任和尊重。“早上好”一旦说出了口，双方都有了亲切、友好的愿望，彼此间的距离缩短了，不仅增进了信任，还沟通了关系。

在职场中，每个女人都应该学会轻松地与人打招呼，不仅如此，还应该学会添加一些亲切的话题。比如，“早上好！今天真热啊”“今天忙得够呛吧”等话题，也属于问候语的范畴。如果添上这么一两句的话，无疑会有更好的效果。

又如，“天真热啊！真想跳到游泳池里凉快凉快”“今天真累，好好地休息一下吧，明天继续努力”等话题，既轻松自然，又不失礼节。

如果有一天，一位原本只是泛泛之交的同事向你说了上面的问候语，你一定会先感到惊讶，然后喜形于色吧。说不定这一句问候语就是你俩友谊的开端，会让你们成为无话不谈的好朋友。

如果你特意赞美了别人，那就更加锦上添花了。比如："今天的领带真漂亮！是你太太专门为你挑选的吧？""最近你好像干劲十足！好好加油吧！"像这样的话题，自然轻松，平易近人，足以让对方听后心里喜滋滋的。

工作一天的开始，同事之间刚见面的第一句话，几乎百分之百是常用的礼节性问候语。真挚亲切的问候，对于加深同事间的感情具有至关重要的作用。

与同事交谈的三大禁区：隐私、薪水、人事变动

精于职场交往的女人都知道聪明难，而糊涂更难。有些女人是"直肠子"，心里憋不住半点儿事情，还总想探听点同事、上司的八卦，没事就三三两两凑在一起扎堆聊八卦、嚼舌根。要知道，"绯闻女孩"只在电视剧里受欢迎，在职场里却是最不成熟的角色。

多听多琢磨，少说少议论，不传小道消息，是所有职场人必须遵守的职业规则之一。有时候你说些小道消息并非出于恶意，甚至完全没有思考，就是痛快痛快嘴，可是听在有心人耳中就不是一回事了。

隐私、薪水和人事变动是女人最爱打听、最爱传播的，而恰恰是这三件事情是同事之间最不该议论的"禁区"。

1. 隐私

张家长李家短是女人经常关注的话题。有很多女孩进入职场，并没有改掉这种作风，还像在学校一样信口开河。

辛兰毕业不久，一天回到家，哭哭啼啼跟大姐哭诉，说是被上司臭骂。大姐说，上司发火很正常，没什么。她说，这还是小事，最生气的是被同事出卖。原来，她们部门的女领导30几岁还没有结婚，跑去万人相亲大会上相亲。偏巧那天电视台记者采访了她，这个画面被部门同事看到了。第二天，

几个年轻的女孩子凑在一起叽叽喳喳议论这件事。辛兰好奇，也跟着评头论足了一番，要命的是，她还卖弄小聪明，总结了上司嫁不出去的十大原因。原本是搞笑的，却被其中的一个“雷子”告了黑状。

在职场里说人是非就不应该了，说上司是非就更加不应该。一个人开口骂领导，抱怨工作太多，待遇太差，同事大多随声附和。这种情况下，聪明的人就应该在一旁静观其变。据说，有76%的老板有“竖起耳朵听员工闲聊”的习惯，在员工中间安插眼线的就更多了。

有的人在你面前痛斥别人的不是，猛夸你的长处，从你这儿一转身，他就会把同样的话重讲一遍，当然浑身“不是”的就换成你了。只要你顺着“长舌妇”的意思说上几句别人的不是，那就等着吧，有一天总会传到当事人耳朵里，讲人是非的当然会变成你。人家若是找上门来论个究竟，你不见得能解释清楚，而如果别人并不找你理论，却在心里默默地记下你时，你就等着背后挨刀子吧。所以，切记切记，别人的是非万万不能说，实在憋不住，就到深山老林里挖个树洞说去。

2. 薪水

现在很多人在网上“晒”工资，仿佛大家对工资的事情已经不像以前那么敏感了，其实不然。在一些大公司，薪水都是公开的，每个人都知道其他人的工资。但是在大多数企业，薪酬是保密的。有的企业明令禁止职员互相打听收入或公开自己的工资，有的甚至要求职员在有相关工资保密条款的协议上签字。但是，世上最管不住的就是嘴，无论规定多么严格，要大家私下里不交流，都很难做到。如果你够聪明，就需要多个心眼。如果有人问你，能打马虎眼就打马虎眼，特别是老板额外给你涨工资、发奖金、发红包之后，你满世界嚷嚷，以后就别再想有第二次了。

虽说工资必须保密，可是总有些“消息灵通人士”暗地里吹风。这些敏感问题，当然能引起众人极大的兴趣，口口相传，渐渐地，有些人的工资收入就成了公开的秘密。这时你会问，“消息灵通人士”的消息可靠吗？其实这多半是“套子”，是在看似无意、实则有意地刺探情报。例如一些同事经常一起吃午饭，有人就会说：“哎呀，我这个月的工资怎么少了几百块，是不是单位效益滑坡了？”不够聪明的人就会纷纷地往套子里钻，一边讨论单位的效益问题，一边不小心地漏了口风。再看那个引发话题的人，只笑不语，心里肯定在偷着乐。

一般来说，单位要求工资保密，是经过深思熟虑的，可是各种小道消息的流传，把原有的平衡和秩序都打乱了。知道了别人的收入，就会忍不住在心里打起小算盘："我干得比他多，凭什么挣得比他少？"由于种种限制，这些想法是摆不上台面的，能做的，只有对嫉妒对象处处挤兑了。有些人受了排挤，还不明就里，长此以往，同事关系会越来越复杂。

3. 人事变动

但凡单位里有机构、人事方面的变动，不可能不传出小道消息。正式的决定还没出炉，漫天飞舞的各式版本已把人搅得云里雾里。高管任免、机构重组、减员调动，件件关系到个人的切身利益，怎能不关心、不猜测呢？

"我可只告诉你一个人"，这句话真是太耳熟了。连小孩子都知道，一旦谁说出一个秘密，就不要幻想它不被传播。职员在没弄清事实真相时，往往会按照自己的理解加以诠释，事情也会因此"变形"。一次调查显示，只有17%的上司认为小道消息是职员获取信息的渠道，却有近半数的职员把它当作重要的信息源。此外，调查还发现，有82%的小道消息后来被证实是真实可靠的。上司不信任下属，把事实真相攥在手里，然后任由下属去填空。下属得不到"官方确认"，就会千方百计去求证，"谣言老鼠"也就随之开始繁殖，到处流窜了。

这导致的最直接的结果就是人心浮动，工作效率降低。这会惹恼谁？当然是老板！所以老板最痛恨那个传播小道消息的人。如果事态严重，必定会一查到底，绝不轻饶。

聪明的女人千万不要逞一时的嘴上之快在同事面前嚼舌根。要知道，世界上有两样东西是收不回的，一是泼出去的水，二是说出口的话。言者无心，听者有意。言多必失，说不定哪天就祸害到自己。洁身自好，遇事三缄其口，这是赢得老板信任的重要方法之一。

同事之间互相帮忙要拿捏分寸

每个人都不可能是全能的，俗话说，“一个好汉三个帮”，再优秀、再有实力的职场丽人也需要别人的帮助。帮助别人，是在为自己以后的发展铺路。但是怎样才能既能帮助别人又能帮助自己呢？以下几种方法值得我们借鉴：

1. 搭桥有木

我们通过下面的案例来理解这一方法。

紫菱和部门主管十分要好。有一天主管突然来向紫菱求救，他有一个计划希望与某公司合作，而紫菱与该公司某中层经理十分熟稔，于是他请紫菱做中间人，向这位经理游说一番。紫菱与这人的交情很好，可是那人必须知道这个计划的来龙去脉，两家公司合作，究竟谁得谁失，对他自己有哪些好处，才可能有所决定。紫菱想来想去决定答应主管做中间人，但只限于介绍他与那位经理认识，并不充当说客。

于是紫菱在介绍时事先将事情的概况向熟人讲了一遍，让对方有心理准备，并说明合作与否，不必考虑自己，因为根本与自己无关。安排两人第一次见面，紫菱选在大家午饭不常去而又安静的饭店，让两个人先行认识，话题最好放远些，切忌一见面就谈生意，那只会令紫菱尴尬。第二次相见，紫菱帮忙联络，但她并不参与，任由两人自由发展。这样紫菱既帮了主管又没有伤害朋友，一举两得。

2. 巧提意见

当一个同事请你提意见时，你该怎么办呢？他也许会说：“你认为我的工作态度不好吗？是不是我服务客户的方式不对？”很明显，这些问题虽然不易处理，却给了你一个帮助对方进步和表现才能的机会。所以不要直接回答“是”或“不是”，你可以提出一个可行办法，尽量避免被误认为批评。

你可以告诉对方换了是你，会怎样处理此件事以及为什么这样处理。例如，这位同事因为未能准时准备开会的文件，遭老板责备。这时，你应该婉转开导他：“你我都知道经理认真得很，所以我替他做事永远以最快时间去完成，并且尽可能做到极致，使他知道，我是尽力做到符合他的要求的。”切忌指出对方或他老板的错处：“经理很是烦人，你最好依照他的吩咐去做。”这样，等于火上加油，对同事、他的老板，还有你自己，都没有好处。

3. 弄巧成拙之后

假如一个与你十分投缘的同事，要做一份新建议书，请你提意见。你提出了自己的建议，以为帮了他一个忙，可是，不久之后，建议书被老板驳回，同时他还被老板训斥一番。这时一定要吸取教训，因为“不在其位，不谋其政”，随便说话，容易弄巧成拙。这时你可以请那位同事吃饭，表示歉意，但言辞上不必过分内疚，只需告诉他你的感受：“我本希望帮你一把，不料却越帮越忙……看来，我只适宜做内部和执行的工作的，不宜胡乱做计划。下一次你做计划，最好多问其他人意见，集思广益，效果更佳。”你此时最大的目的是取得谅解和让对方知道，决定权还是在他本身，你只是提意见而已。至于其他人的闲言闲语，可以不理，不必解释，也不必费神。有多事者追问究竟，可以告诉他：“现在事情已经解决了，我们之间全无芥蒂，很感谢你的关心。”让对方“知趣”而退。

4. 金钱来往时

遇到有同事向你借钱，该如何是好呢？先观察情况，此人是否常有经济拮据情形？是否不会如期还钱？他在同事间的信誉是否不好？要是答案全是否定的，那就说明这位同事确实有燃眉之急，作为朋友，雪中送炭是应该的。你不必仔细询问，只要伸出援手，并且安慰他：“不必忧心，我可以帮助你，你全力办你的事吧！”如果答案刚好相反，那么此人多是不知自爱，起码也是理财无方，此时，值不值得你帮忙，就要看你与他的交情了。如果他是你同部门的同事，而且与你关系十分密切，那么，你可以酌情帮忙，而治本之法是规劝他小心理财，希望他不要总陷于拮据状态。如果对方是其他部门的同事，因为接触较少，不必尴尬，只需婉转地回绝：“对不起，我这个月也已经亮红灯了，恐怕帮不上忙。”

虽然帮助别人是我们每个人都应该具有的美德，但是白领丽人们应该明白，帮助别人也是需要技巧和限度的。掌握好帮助别人的技巧，对以后的职场路肯定会起到良好的作用。

绝不以弱者的身份出现在同事面前

善良、老实是一些女孩子的天性，但是善良和老实过了头就会被别人当作软弱。要想在办公室里和别人一样平等，就不能太过老实，如果像个软柿子一样，很容易就会成为别人欺辱的对象。随着社会的发展，办公室竞争也日趋激烈。如果你总是以一个“弱者”的姿态出现在办公室，不但不会引起别人的同情，相反，还会使得每个人都往你头上踩上一脚。

慧珊是某出版社的职员，由于自己是从外地应聘来的，在工作中她处处小心、事事谨慎。她对每位同事都毕恭毕敬，偶尔与同事发生点儿小摩擦，从不据理力争，总是默默地走开。大家都认为她太老实、太软弱，于是，都不把她当回事，以至于在许多事情上总是让她吃亏。想起两年来同事们对她的态度，尤其在奖金分配上自己老是吃亏这些事，慧珊心里很觉委屈。于是残酷的现实使她不得不对自己的为人处世进行反思。

有一天，办公室的一位同事擅离职守丢失了东西。这位同事嫁祸于慧珊，说是她代自己值的班。主任在会上通报这件事时，慧珊马上站了起来，说道：“主任，今天的事你可以调查，查一查值班表。今天根本就不是我的班，怎么能说我不负责任？主任，有人是别有用心想让我替她顶罪。并且，我要告诉你们，大家在一起共事也是有缘，我实在是不想和同事们争来争去了。以后，谁要再像以前那样待我，对不起，我这里就不客气了。”

经过这件事，慧珊发现同事们对她的态度有了明显的转变。她也抬头挺胸起来，不想再扮演被人欺负的老实人的角色了。

办公室是智者、强者的用武之地，不是老实人可以生存的空间。请收起你的懦弱，藏起你的老实，勇敢地面对竞争。只有竞争，才有进步和发展，才能创造出更好的成果，才能推动社会的进步和发展。竞争是必然的，我们要用积极的姿态去面对。

忍让是老实人最大的特点。忍让往往让对方得寸进尺，直到令你忍无可忍。人的劣根性往往是得意忘形，哪里有便宜就到哪里去，谁好欺负就欺负谁。职场如此，人类社会亦如此，善良的人往往是被统治者。忍让不是办法，真正的办公室生存法则是勇敢面对，从每一件小事开始做起，把握原则，坚持真理，杜绝邪恶，别让对方的无理越演越烈，直到无法收拾的地步。在办公室里，时常会出现“欺软怕硬”的现象。如果过于老实，你的前程将会出现很大的危机。在上司眼里，一个连自我都保护不好的人，肯定是无法胜任重要部门的工作或担任主管职位的。所以说，怎样才能不因老实而成为受人欺负的对象是一门重要的学问。

有人之所以受到欺负、刁难，往往是因为自己软弱或办事能力较差。要改变被人欺负的现状，就必须强硬起来，与欺负你的人相抗争，除此之外提高自己的办事能力。这样，一些原来欺负你的人就会收敛起来。

有些人认为“吃亏就是占便宜”，吃点儿小亏没什么，用阿Q精神来安慰自己。但是，在奉行弱肉强食的办公室，这种想法可行不通。聪明的女人应该懂得，唯一的办法是主动出击，打败敌人，才能做到真正的防守。等你在办公室树立起你的尊严，展现出你的魄力，你就不会是一个人善人欺的受气包、出气筒，而会成为上司眼中极具潜力的人，你的前途自然也就不可限量了。

学会和同事“围炉夜话”

女人要想取得事业上的成功，仅有工作能力是不够的，既要努力做好自己分内的工作，又要处理好人际关系，特别是同事之间的关系。大多数女人的社交圈子都不是很大，生活中能接触到的无非是自己的亲人、同学、同事。在这种情况之下，梳理同事关系就显得尤为重要。能获得同事的支持和信任，对一个人事业的成功有巨大的帮助。

荷兰哲学家斯宾诺莎说过这样一句描述同事之间微妙关系的话：“人不会嫉妒树木的高大或狮子的威猛，只会嫉妒一个地位与他相等、工作也与他相同的人。”同事之间由于工作性质相同，都行使相同或相似的权利，便很容易产生彼此间的嫉妒心理。

在现实生活中，应酬同事，处理好与同事之间的关系是很令人头痛的事情。但是现代社会要求同事之间有竞争的同时也要有合作，企业更看重团队整体的战斗力。因此，掌握应酬同事的技巧，营造融洽的工作氛围是十分必要的。

俗话说：“路遥知马力，日久见人心。”每天和你在一起时间最长的，不是你的亲人，也不是你的朋友，而是你的同事。同事之间的关系是双方长时间在一起工作建立起来的。良好的关系需要彼此从一点一滴的小事做起，注意日常工作的细节，彼此之间要相互尊重、理解、促进、配合。十个人有十种不同的性情，要想与同事们愉快相处，就要努力增进彼此的了解，使彼此的感情更加融洽。

由于工作上的竞争，同事之间因工作闹点矛盾是难免的，所以，同事之间大都存在戒备心理。要想消除这种隔阂，就要积极地与同事接触。大家应该都知道廉颇与蔺相如的故事，他们都是赵王手下的重臣，其他诸侯国皆因二人的才干而不敢侵犯赵国。廉颇一直认为自己的功劳比蔺相如大，便处处与其为难，而蔺相如并不计较这些，总是把国家利益放在首位，终于感动廉颇亲自上门负荆请罪，成为千古佳话。同事之间也应该摒弃成见，精诚合作，形成坚不可摧的整体。

如果你想做一个受人尊敬和欢迎的人，就必须懂得去关心他人，与他人在情感上同甘共苦。任何一种感情都需要用心去“经营”，真诚的心就是对良好人际关系的一种“投资”。比如生日聚会的祝福，逢年过节的问候与拜访，女同事之间相约去看演唱会、一起逛街，等等，都可以拉近彼此的距离。

此外，还要懂得欣赏别人。同事之间由于工作的关系，有时候会产生抵触、妒忌、敌对等负面情绪。事实上，工作的过程也是积累的过程、相互促进的过程。同事之间应该虚怀若谷，该请教的时候不耻下问，该佩服的时候坦然竖起大拇指。能够看到别人身上的优点，并延及自身，也是对自己的个人能力和素养的提升。所以，当看到同事有过人之处，或是取得了好的业绩时，要学会适时地、真诚地称赞对方，以加深同事间的情谊。

有了荣誉记得和同事分享

职场中的成功不是靠单打独斗得来的，更多的是靠同事之间的相互合作。工作中有了成就，一定要学会让同事分享你的荣誉，做一个大格局的女人。

一位销售主管这个月业绩突出，她部门的业务员销售总额超出了同级部门的两倍还多。按照公司相关规定，主管可按业绩提成，得到一笔可观的奖金。老板很是为有这样一位得力助手而高兴，也暗自庆幸自己以前没有看错人，于是决定在公司开个例会，并把她推为大家的榜样，以此激励其他员工努力工作，还在最后特意安排了这位主管做演讲。

这位主管在她的演讲中把自己的业绩归功于自己调配人员的技巧、处理大订单的果断和如何辛苦加班等。虽然这些情况属实，她的确也是这么做的，但她唯一犯的错误就是自始至终都没提及一句感谢同事、下属之类的话。

会后，下属和同事们开玩笑要她请客庆祝，她毫不客气地说："我得奖金，你们用得着这么开心吗？下次我会拿更多，到时再说吧……"

可是等到下个月，这位主管不仅没能再拿到奖金，甚至还因为没能完成销售任务而被扣掉了工资。更让人奇怪的是，她的下属越来越懒散，就连老板似乎也对她冷淡了许多。

当你在工作中做出一些成就时，千万别独享荣耀，否则这份荣耀会为你带来人际关系上的危机。"居功"的确可以凝聚别人羡慕的目光，可以给自己带来很大的成就感，但如果你一个人把功劳占尽，企图让光环仅围绕自己一个人转，那就不是自私而是极度愚蠢了。“见不惯别人比自己好，更见不得别人抢自己的好”，可以说是人性的一大弱点。

独自贪功就是抢别人的好、比别人好，这不仅不会给自己带来更多的好处，甚至还会引火烧身，激起公愤，最终害人害己。

谨记这个忠告，你就会受益无穷。工作上有了业绩，升职了，加薪了，不妨和同事们庆祝一番，对老板说声“谢谢”，对下属的配合与支持表示真诚的感谢，甚至是那些嘲笑过你的人，也要为他们给了你前进的动力而有所感谢，让大家都感到你内心真诚的感激而一并与你分享快乐。

假如你真的照做了，你身边的人将支持你走向更高的位置。他们期待着，仰望着你的高度，希望你能给自己带来荣誉的同时，也给他们带来荣誉，而不是嫉妒或冷眼旁观。你主动把“高帽子”赠给了别人，别人也会反过来恭恭敬敬地维护和支持你。

第十二章
学会情绪疗愈，自备心灵急救箱

走出灰色地带，呼吸心灵氧气

压抑心理是一种较为普遍的病态社会心理现象。它存在于社会各年龄阶段的女性群体中。它与个体的挫折、失意有关，继而产生自卑、沮丧、自我封闭、孤僻等病态心理行为。挫折与压抑感之间互为因果，形成一个恶性循环。

压抑的心理就好像一条无形的绳索，将女人的精神紧紧抓牢，让人们每时每刻都觉得痛苦、压抑、无法释放自己。怎样才能疏导压抑，为自己的当下解绑呢？具体方法如下：

1. 运动法

压抑情绪能量的爆发来势汹汹，好像不可阻挡。实际上，在一定范围内适当宣泄，可以改善自己的情绪健康状态。比如，感到压抑时，不妨赶快跑到其他地方宣泄一下，出去跑一圈，或做一些既能消耗体力又能转移自己思想的体育运动，踢足球或打篮球都是不错的选择。特别是在活动中与人的合作和接触，又让与人有了新的交流。当你累得满头大汗气喘吁吁时，会感到精疲力竭，相信这时你的压抑情绪已经通过汗水宣泄出去了。

2. 眼泪法

对于压抑情绪的能量发泄，还有一种方法，就是在我们感到十分压抑时大哭一场。哭也是释放积聚能量、调整心理状态的一种方式。在亲人面前痛哭，是一次纯粹的感情爆发，如同夏天的暴风雨，越是倾盆大雨越是晴得快。许多人在痛哭一场之后，觉得畅快淋漓，压抑的心情也会随着泪水的排出而减少许多。为什么呢？人们经过研究，发现奥秘在于眼泪。

美国生物学家曾挑选了一批志愿者，组织他们观看一些令人悲痛欲绝的电影或戏剧，并要求他们在痛哭时把事先发放的试管放在眼睛下面，将眼泪收集起来。他们发现，一个正常的人在哭泣的时候，流出的眼泪有100～200微升，即使一场号啕大哭，眼泪也只有1～2毫升。然而在哭泣以后，心动过速、血压偏高等均有不同程度的减轻。经过化学分析得知，在这些流出的眼泪中，含有一些生物化学物质。正是这些生化物质引起了血压升高、消化不良或心跳加速，把这些物质排出体外，对身体当然是有利的。

3. 倾诉法

倾诉，是缓解压抑情绪的重要手段。当一个人被心理负担压得透不过气来的时候，如果有人真诚而耐心地来听他的倾诉，他就会有一种如释重负的感觉。所谓“一吐为快”正是这个道理。对此，现代心理学中有“心理呕吐”的说法。美国心理学家罗杰斯认为，倾听不仅能使听者真正理解一个人，对于倾诉者来说，也有奇特的效果，心理上会出现一系列的变化。他会感觉到他终于被人理解了，内心有一种欣慰之感，进而使压抑感得到缓解，心理上似乎感到一种解脱，还会产生某种感激之情，愿意谈出更多心里话，这便是转变的开始。一个人如能从混乱的思绪中走出来，换一个角度去思考问题，重新审视自己的内心世界，那些原来以为无法解决的问题，就会迎刃而解。

4. 宣泄法

如果以上3种方法对你均没有产生效果，那么你就必须寻求心理医生的帮助了。心理医生会引导人们把自己心中的积郁倾吐出来，这种方法称为宣泄疗法。宣泄疗法在现实表现中有一定的功效。当人们把自己的压抑情绪宣泄出来时，不仅能减轻宣泄者心理上的压力，也能减轻或消除他们的紧张情绪，使他们恢复平静。在生活中，我们经常可以看到有些心胸开阔、性情爽朗的人，他们心直口快地把自己的压抑情绪诉说出来，便不再愁眉苦脸了。所以，这种人的心理矛盾往往能获得及时解决。可是我们也常看到一些心胸狭窄的人，爱生气，心中总是闷闷不乐，由于心理压抑长期得不到解决而容易发生心理疾病。

上面4种方法是缓解压抑心理的解药。压抑心理让女人的生活充满灰暗，唯有尽快走出，才能呼吸新鲜空气。

逆境中，用乐观的情绪自救

乐观是无形的，但它是有力量的，而且乐观的力量是超乎想象的。乐观的人总能在困难和不幸中发现美好的事物。他们总是向前看，相信自己能主宰一切。即使在乌云的笼罩之下，他们心中也会充满对美好未来的期待，一刻都不曾沮丧、悲观。正如哈佛教授亨利·霍夫曼所说：“你是否快乐或痛苦，不完全取决于你得到什么，更多的在于你用心去感受到了什么。”

苏珊娜是由情绪非常积极而且又非常善于解决问题的母亲抚养成人的。母亲的教育给苏珊娜的成长带来莫大的帮助。苏珊娜刚刚4岁的时候，父亲就因心脏病去世了。当时，她的母亲只有27岁，带着两个孩子，又没有钱。突如其来的厄运给她的打击几乎是致命的，使她一度陷于绝望。但她最终重新振作起来，鼓足勇气活了下去。在苏珊娜的父亲死后的好几年里，她家非常穷，怎样勉强填饱肚子是母亲最担心的事。可是，她的母亲没有为家境贫穷而烦恼，而是想办法去挣钱，在家里为一个当律师而雇不起全职秘书的邻居做打字工作。苏珊娜也找到一个贴补家用的门路，她8岁的时候，就教几个邻居家中还没上学的孩子识字。那些孩子的父母亲很感激，便供给她食宿费用。

苏珊娜最敬佩的，就是母亲那种乐观的情绪。她记得，如果遇到5件难事，母亲就会说：“没遇到6件难事，这不是走运吗？”当时买不起汽车，母亲就说：“咱们住得离公共汽车站这么近，难道还不满意吗？”过节的时候没钱给她买新衣服，母亲就用家里的旧衣服拼拼凑凑地做一件，然后表扬自己的手艺好。她总是高高兴兴地处理这些问题，没有一点儿忧愁的情绪。苏珊娜在学校上学的时候，有一次没被选上社团干部。母亲说：“好呀，现在有时间来筹划一次比较成功的竞选运动了，下次选举你一定能够当选。”多年耳闻目睹母亲这样乐观积极地处理问题，苏珊娜也拥有了积极的生活态度。遇到困难的时候，她就以乐观情绪去对待，战胜困难。母亲微笑的脸和充满鼓励的话，总是给她鼓劲，增加她的勇气。每当她情绪消沉，抱怨不满或者在学校里碰到难办的事情时，对母亲的回忆就会帮她坚持下去，然后得到一个很好的结果。不管是对待工作的问题、亲戚的问题，还是对待她自己的问题，都是这样。

面对逆境这条人生的畏途，不同的人有着不同的观点和态度。对于悲观者而言，逆境是生存的炼狱，是前途的深渊，身处逆境，他们只能看到悲观和失望；对于乐观的人而言，逆境是人生的良师，是前进的阶梯，经受逆境的考验，才能得到成长。逆境如霜雪，它既可以凋叶摧草，也可使菊香梅艳；逆境似激流，它既可以溺人殒命，也能够济舟远航。面对逆境，最重要的是要学会调整自己的情绪，用积极乐观的情绪去应对。

1939年，德国军队占领了波兰首都华沙，此时，卡亚和他的女友迪娜正在筹办婚礼。卡亚和其他犹太人一样，被纳粹推上卡车运走，关进了集中营。在持续不断的摧残和折磨中，卡亚的情绪极其不稳定，精神遭受着痛苦的煎熬。

一同被关押的一位犹太老人对他说：“孩子，你只有活下去，才能与你的未婚妻团聚。记住，要活下去。”卡亚冷静下来，他下定决心，无论日子多么艰难，一定要努力活下去。

每个被关在集中营的犹太人一天的食物只有一块面包和一碗汤。许多人在饥饿和严酷刑罚的双重折磨下精神失常，有的甚至被折磨致死。卡亚努力控制和调适着自己的情绪，把恐惧、愤怒、悲观、屈辱等负面情绪抛到脑后，虽然他的身体骨瘦如柴，但精神状态很好。

5年后，集中营里的人数由原来的4000人减少到不足400人。纳粹将剩余的犹太人用脚镣铁链连成一长串，在冰天雪地的隆冬季节，将他们赶往另一个集中营。许多人忍受不了长期的苦役和饥饿，最后死于茫茫雪原之上。在这人间炼狱中，卡亚奇迹般地活了下来。他不断地鼓舞自己，靠着坚韧的意志力，维持着衰弱的生命。

1945年，盟军攻克了集中营，解救了这些饱经苦难、劫后余生的犹太人。卡亚活着离开了集中营，而那位给他忠告的老人，却没有熬到这一天。

若干年后，卡亚把他在集中营的经历写成一本书。他在前言中写道：“如果没有那位老者的忠告，如果放任恐惧、悲伤、绝望的情绪在我的心间弥漫，很难想象，我还能活着出来。”

卡亚正是用积极乐观的情绪拯救了自己。与卡亚不同的是，许多女人不停地抱怨命运的不公，抱怨自己付出了辛劳的汗水，得到的却是失败和痛苦。究其原因，是因为她们不会调节自己的情绪，陷入了悲观里面，无法自拔。

牛顿说：“愉快的生活是由愉快的思想造成的，愉快的思想又是由乐观的个性产生的。”的确，生活是你自己的，选择快乐还是痛苦都由你决定。要想赢得人生，就不能总把目光停留在那些消极的东西上，那只会使你沮丧、自卑、徒增烦恼，还会影响你的身心健康。结果，你的人生就可能被失败的阴影遮蔽它本该有的光辉。

幸福不会眷顾过于偏执的女人

偏激和固执像一对孪生姐妹，总是同时出现在一个女人身上，偏激的女人往往固执，固执的女人往往偏激。心理学中有一个专业术语：偏执。

偏执的人总是喜欢以自己的标准来衡量一切，以自己的喜怒哀乐来决定一切，缺乏客观的依据。一旦别人提出异议，就立刻转换脸色，对别人正确的意见也听不进去。

偏执的人往往极度敏感，对侮辱和伤害耿耿于怀，心胸狭隘；对别人获得成就或荣誉感到紧张不安，妒火中烧，不是寻衅争吵，就是在背后说风凉话，或公开抱怨和指责别人；自以为是，自命不凡，对自己的能力估计过高，惯于把失败和责任归咎于他人，在工作和学习上往往言过其实；

很自卑，总是过多过高地要求别人，但从来不信任别人的动机和愿望，认为别人存心不良。

喜欢走极端，与其头脑里的非理性观念相关联，是具有偏执心理的女人的一大特色。因此，要改变偏执行为，首先必须分析自己的非理性观念。如：

（1）我不能容忍别人一丝一毫的不忠。

（2）世上没有好人，我只相信自己。

（3）对别人的进攻，我必须立即还以强烈反击，要让他知道我比他更强。

（4）我不能表现出温柔，这会给人一种不强健的感觉。

现在对这些观念加以改造，以除去其中极端偏激的成分：

（1）我不是说一不二的君王，别人偶尔的不忠应该原谅。

（2）世上好人和坏人都存在，我应该相信那些好人。

（3）对别人的进攻，马上反击未必是上策，我必须首先辨清是否真的受到了攻击。

（4）不敢表示真实的情感，是虚弱的表现。

每当故态复萌时，就应该把改造过的合理化观念默念一遍，用来阻止自己的偏执行为。有时自己不知不觉表现出了偏执行为，事后应重新分析当时的想法，找出当时的非理性观念，然后加以改造，以防下次再犯。

另外，还可以从以下几方面治愈偏执心理：

（1）学会虚心求教，不断丰富自己的见识。常言道：天外有天，人外有人。别人的长处应该尊重和学习，认识到自己的肤浅。全面客观地看问题，遇到问题不急不躁，冷静分析。

（2）多交朋友，学会信任他人。积极主动地进行交友活动，在交友中学会信任别人，消除不安感。交友训练的原则和要领是：

①真诚相见，以诚交心。要相信大多数人是友好的，是可以信赖的，不应该对朋友，尤其是知心朋友存在偏见和不信任的态度。必须明确交友的目的在于克服偏执心理，寻求友谊和帮助，交流思想感情，消除心理障碍。

②交往中尽量主动给予知心朋友各种帮助。这有助于以心换心，取得

对方的信任和巩固友谊。尤其当别人有困难时，更应鼎力相助，患难中知真情，这样才能取得朋友的信赖和增进友谊。

③注意交友的“心理兼容原则”。性格、脾气相似和一致，有助于心理相容，搞好朋友关系。另外，性别、年龄、职业、文化修养、经济水平、社会地位和兴趣爱好等亦存在“心理兼容”的问题。但最基本的心理兼容条件是思想意识和人生观价值观的相似和一致，即所谓的志同道合。这是发展合作、巩固友谊的心理基础。

（3）要在生活中学会忍让和有耐心。生活中，冲突纠纷和摩擦是难免的，这时必须忍让和克制，不能让怒火烧得自己晕头转向。

（4）养成善于接受新事物的习惯。偏执常和思维狭隘、不喜欢接受新东西、对未曾经历过的东西感到担心相联系。为此，我们要养成渴求新知识，乐于接触新人新事，学习其新颖和精华之处的习惯。只有这样，才能不断地提高自己，减少自己的无知和偏执。

一个成熟的女人，应该是执着而不偏执的。如果你发现自己心理过于偏执，不妨试着用上面提到的方法加以矫正，毕竟幸福生活容不下太多的偏执。

天气好或天气坏，心情放晴最重要

生活中，许多女人有这样的经验：如果天气晴朗、阳光灿烂、微风和煦，就会觉得神清气爽、精神振奋、心情舒畅；如果一连几天阴雨绵绵，就会经常感到莫名其妙的烦躁不安、心情低落、郁郁寡欢。

对于这种由于天气变化带来的心情变化，我们不能简单地归结为女人的多愁善感。因为科学家已发现，气候特别寒冷的地带，人们的情绪会显著地忧郁、低落。而导致人们情绪低落的主要原因就是缺少阳光。

精神治疗专家发现，人的情绪确实或多或少地会受到天气的影响。人们对天气变化，特别是坏天气的刺激反应强烈，会表现出种种不适症状：疲倦、虚弱、健忘、眼冒金星、神经过敏、精神不振、情绪低落、工作提不起精神、睡眠不好、偏头痛、注意力不集中、恐惧、冒汗、没有食欲、肠胃功能紊乱、神经质、易激动，等等。

1982—1983年的厄尔尼诺现象，使全球大约10万人患上了抑郁症，使精神病的发病率上升了38%，交通事故也至少增加了5000起。原因就是，全球气候异常和天气的灾难，超过了一部分人的心理承受能力。环境心理学的研究指出，温度与暴力行为有关，夏日的高温可能导致暴力行为增加。但是当温度达到一定限度时，即使再升高也不导致暴力行为，而导致嗜睡。温度也和人际吸引有关，在高温室内的被试者，比在常温室内的被试者，更容易对他人做出不友好的评价。

我们都知道，万物生长靠太阳。植物往往有向光性，人也是一样。一般来说，选择阳光充足的居所对人比较有利，因为光是热、土壤、植物、水、空气的轴心。有心理学家研究表明，在日光灯中加入类似太阳光的紫外线，对健康有好处。让自闭者生活在光线较充足的地方，自闭行为会减少一半，还会增加许多与人互动的行为。而阳光不足会造成视觉疲劳、反胃、头痛、忧郁、郁闷等行为反应。研究甚至发现人在日光灯下与太阳光下的工作效率不同。生活中，如果你仔细观察，就会发现，在阳光充足的地方，儿童会显得更加活泼。在法国，曾有一段长时间的阴雨天气，于是许多治疗机构创造性地采用人造阳光治疗法，就是用光照来治疗这些等不及阳光出现的病人，并具有明显的疗效。

长时间的天气特征，会形成气候。研究发现，一个人所生活地区的气候与他的性格形成有直接的关系。这也是因为天气影响着人们的心情，天长日久，就影响了性格。所谓“一方水土养一方人”，几乎每个人都无法完全摆脱这种环境的影响。

长期生活在热带的人，性格比较暴躁易怒；纬度高的寒带，气候寒冷，阳光稀少，是抑郁症的高发区；生活在气候湿润、万物生机盎然的水乡的人，一般比较多情、反应机敏；生活在草原上的牧民大多性格豪放；山区的人多是性格率直；长年居住在15～18℃环境中的人，头脑较为发达，文学艺术的成就比较突出。

由此可见，天气对人的情绪有很大的影响，一个地区的气候与人的性格形成也有很大的关联。但是，一个懂得控制自己情绪的女人应该明白：

天气、气候不是人所能控制的，若想拥有好的心情、良好的性格，能改变的唯有你自己。

加重心理补偿的筹码

心理失衡的现象在竞争日益激烈的当代社会时有发生。遇到竞聘落选、家人争吵、被人误解或讥讽等情况时，各种消极情绪就会在内心积累，从而使心理失去平衡。消极情绪占据内心的一部分，这部分越来越沉重、越来越狭窄，未被占据的那部分则越来越空、越变越轻。因而心理明显分裂成两个部分，沉者压抑，轻者浮躁，使人出现暴躁、轻率、偏颇和愚蠢等难以自抑的行为。这虽然是心理积累的能量在自然宣泄，但是它的外在行为具有很强的破坏性。

这时我们需要的是"心理补偿"。看看身边那些每天都拥有甜美笑容的女人，她们并非不曾遭遇生活琐事，而是善于用良好的心态化解内心的烦躁。秘诀之一就是她们善于调节心理的失衡状态，通过心理补偿逐渐恢复平衡，直至增加建设性的心理能量。

有人打了一个颇为形象的比喻：人好似一架天平，左边是心理补偿功能，右边是消极情绪和心理压力。你能在多大程度上加重补偿功能的砝码而达到心理平衡，就能在多大程度上拥有时间和精力，信心百倍地去从事那些有待你完成的任务，并有充分的乐趣去享受人生。

那么，女人应该如何去加重自己心理补偿的砝码呢？

（1）要有正确的自我评价。情绪是伴随着人的自我评价与需求的满足状态而变化的。人要学会随时正确评价自己。有的女性就是由于自我评价得不到肯定，某些需求得不到满足，又未能进行必要的反思，没有及时调整自我与客观之间的距离，因而心境始终处于郁闷或怨恨状态，甚至悲观厌世，最后走上绝路。由此可见，女人一定要学会正确估量自己，对事情的期望值不能过分高于现实。当某些期望不能得到满足时，要善于劝慰和说服自己。不要为平淡而缺少活力的生活而遗憾。遗憾是生活中的"添加剂”，它为生活增添了发愤改变与追求的动力，使人不安于现状，永远有进步和发展的余地。生活中处处有遗憾，然而处处又有希望，希望安慰着遗憾，而遗憾又充实了希望。正如法国作家大仲马所说：“人生是一串由无数小烦恼组成的念珠，达观的人是笑着数完这串念珠的。”没有遗憾的生活才是人生最大的遗憾。

为了能有自知之明，常常需要正确地对待他人的评价。因此，经常与别人交流思想，依靠友人的帮助，是求得心理补偿的有效手段。

（2）必须意识到你所遇到的烦恼是生活中难免的。心理补偿是建立在理智基础之上的。人都有七情六欲，遇到不痛快的事情时，没有理智的人喜欢发牢骚，到处辩解、诉苦，好像这样就能摆脱痛苦。其实这往往是浪费时间。明智的人勇于承认现实，既不幻想挫折和苦恼会突然消失，也不追悔当初该如何如何，而是想到不顺心的事别人也常遇到，并非老天跟自己过不去。这样就会减少心理压力，使自己尽快平静下来，客观地对事情做个分析，总结经验教训，积极寻求解决的办法。

（3）在挫折面前要适当用点“精神胜利法”，即所谓“阿Q精神”，这有助于我们在逆境中进行心理补偿。例如，实验失败了，要想到失败乃是成功之母；若被人误解或诽谤，不妨想想“在骂声中成长”的道理。

（4）自我宽慰不等于放任自流和为错误辩解。一个真正达观的女人，往往是对自己的缺点和错误最无情的批判者，是敢于严格要求自己的进取者，是乐于向自我挑战的女人。

怒气是一座活火山

生活中，有的女人脾气暴躁，遇到各种各样的不如意，会很容易产生愤怒之情，影响了自己的好心情不说，还让别人看到了自己可怕的一面。因此，女人有必要了解不愉快情绪的产生原因和调节方法，才能使自己的生活充满阳光。

不愉快的情感按其深浅强弱可分为略不愉快、不愉快、最不愉快、发怒、大怒、狂怒。人在不愉快时，会感到厌恶、不舒服；婴幼儿不愉快时会哇哇大哭；有教养的成人即便不愉快也还能忍受，可以强装笑脸，不至于失礼。但愤怒时，人们通常都会有明显的生理变化，如心跳加速，胆汁增多，呼吸加快，鼻孔扩张，胸部升高，全身发抖。在外部表现为脸面勃然变色，两眉倒竖，两眼圆睁，咬牙切齿，进而伸拳捋袖，怒打怒骂。人在不愉快时不一定会发泄，但在愤怒时就一定要设法发泄。发泄要有对象，如无对象就可能迁怒于别人或器物。

在特殊环境下，不愉快和愤怒有积极的作用。如面对外来侵略者，人们的愤怒可转化为满腔爱国热情，可以激发英勇打击敌人的斗志。但是在大多数情况下，人的不愉快情感和愤怒情感是有消极作用的。长期处于不良情绪之下对人的身心健康有害。

人为什么会有不愉快的情感呢？

（1）与人的需要没有得到满足有关。人的需要满足了，就会产生快乐的、积极的情感，没得到满足就会产生不快、消极的情感。人有物质和精神的需要，如果这些要求得不到满足，比如，考不上大学，长期待业，或工作不理想，找不到合适的对象，要结婚没有住房，等等，这些问题不能得到合理解决或不能正确对待，就会产生苦闷、埋怨甚至是愤怒的情绪。需要的东西得不到已经不满意、不愉快，若是已经得到的东西重新失去或遭损坏，那么人的情绪会更坏，不仅不愉快，甚至会怒从心头起，做出不理智的举动。

（2）与人的自尊心受损害有关。当人受到批评、嘲笑、奚落、讥讽时，就容易垂头丧气，或者勃然大怒。人要脸，树要皮，正常人的自尊心受损害是不会毫无反应的。一旦人的自尊心受到伤害，就容易产生愤怒。

（3）与人的修养有关。需求得不到满足，财物受到损失，人格受到侮辱，即便是极有修养的人也会有些不快之感。而缺乏精神文明修养的人，就可能会勃然大怒，甚至对他人大打出手。

古人有不少制怒的方法，有的主张忍耐，“忍得一时气，免受终身忧”，把忍耐当作“修身、齐家、治国、平天下”的根本大法。他们常说“小不忍则乱大谋”，极力推崇韩信忍受胯下之辱，以成汉朝天下之举。

有的主张静居寡欲，寻个世外桃源，脱离红尘，与世无争，看一切皆空，连“我”也不存在，做到这样怒气自然不生。持这种态度的人大抵是对现实不满，又不愿意奋斗而逃避现实，是不可取的。

还有的主张化愤怒为动力，在逆境中艰苦奋斗，做出惊人的业绩这确实有一定的积极意义。例如，周文王被囚而演《周易》，孔子遭厄运而作《春秋》，屈原被放逐乃赋《离骚》，孙子（指孙膑）被膑脚而著《兵法》（指《孙膑宾法》），等等。

调节、控制自己的情感，从思想修养上说，有两条要做。一是加强精神的修养；二是正确对待、处理人生的各种问题。

如何才能预防和控制怒气呢？

1. 减少刺激

整个社会的问题是躲避不了的，这里说的是在你的狭小天地里，对于某种常令你不快的刺激，可以尽量避开或减少它。例如对性格古怪、是非较多的公婆，对简单粗暴、委屈了自己的领导，对一时误解自己的朋友等，若跟他（她）争个水落石出，闹个你输我赢，没有什么必要。一看见他（她），心里就冒火，不如暂时先躲一躲，让自己消消气，也让对方冷静一下，再寻个适当机会，谈谈心，互相谅解。

2. 转移注意

当某种不平之事使你心潮起伏气难消的时候，可以转移自己的注意。当然，这种办法同减少刺激一样，是临时措施，不是根本之法。它能立刻收到效果，化怒为喜，转忧为乐。例如当你遇到一件倒霉的事，越想越气，不如丢开它，不再去想它，转而寻些开心快乐的事干。诸如听音乐，看戏看电影，旅行，看些有意义、有趣的书等。但不要寻求酗酒、打扑克这一类的消极办法。有人认为“一醉”可以解“千愁”，其实喝醉过酒的人都知道，这并不是一个好办法，既花了钱又伤了身体，非但不能消愁，还会给你添愁，“把酒浇愁愁更愁”。

3. 化怒气为动力

一怒之下，向何处发泄？前人有不少例子，鲁达一怒，三拳打死镇关西，代人申冤；武松一怒，血染鸳鸯楼，为己报仇；闻一多一怒，拍案而起，争民权国权；梅兰芳、盖叫天一怒（学戏时受他人嘲笑），刻苦磨炼，自成一派精艺，等等。我们应当有选择地学习古人，像鲁达、武松那样解决问题，已经不符合时代的形势，可以怒形于色，但不可大打出手；我们主张像梅兰芳、盖叫天那样，由发怒转为发愤，胸怀远志，刻苦学习，这是最根本的办法。

不良情绪对女人的身心伤害极大，因而女人要调控自己的情绪，及时正确地发泄不良情绪，使自己处于良好的情绪状态。

压抑自己过于率直的性格

情绪可能是决定一个人一生成败的关键因素之一，但很多女人并没有把控制情绪当成一件重要的事，总觉得情绪化是一种“率直”的性格，是一种很可爱的人格特征。这么说也不是没有道理。因为喜怒哀乐都表现在脸上的女人，别人容易了解，也不会对她持有戒心，而且，有情绪就发泄，而不积压在心里，也有利于心理卫生。但是，这种“率直”并不总是不适合在现实社会中行走。如果让“率直”的性格跟随自己一辈子，学不会控制情绪的话，最终只会一败涂地。

芬妮是一个脾气暴躁，容易出现情绪波动的女孩，经常因为小事和别人吵架。她的人际关系因此越来越紧张，在公司经常与人发生矛盾，结果男友也难以忍受她的坏脾气，和她分手了。终于有一天，她觉得自己已经处于崩溃边缘。

她打电话向她的一个朋友詹森求救。詹森向她保证：“芬妮，我知道现在对你来说是有点儿糟，可是只要经过适当的指引，一切就会好转。你现在要做的第一件事是让自己安静下来，好好地享受一下宁静的生活。”

听了詹森的话，芬妮开始试着放弃先前忙碌的生活，给自己休了一个长假，让自己好好地放松一下。当她已经稳定了一段时间之后，詹森又建议道：“在你发脾气之前，不妨想想，究竟是哪一点触动了你？”

“你可以拥有两种思考，一种是让每件事情都在脑海里剧烈地翻搅，另一种则是顺其自然，让思想自己去决定。”说着，詹森拿出了两个透明的刻度瓶，然后分别装了一半刻度的清水，随后又拿出了两个塑料袋。芬妮打开来，发现里面分别是白色和蓝色的玻璃球。詹森说："当你生气的时候，就把一颗蓝色的玻璃球放到左边的刻度瓶里；当你克制住自己的时候，就把一颗白色的玻璃球放到右边的刻度瓶里。最关键的是，你要学会控制自己的情绪，如果不试着控制自己的情绪，你会继续把你的生活搞得一团糟。"

此后的一段时间内，芬妮一直照着詹森的建议去做。后来，在詹森的一次造访中，两个人把两个瓶中的玻璃球都捞了出来。他们同时发现，那个放蓝色玻璃球的水变成了蓝色。原来，这些蓝色玻璃球是詹森把水性蓝色涂料染到白色玻璃球上做成的。这些玻璃球放到水中后，蓝色染料溶解到水中，水就呈现了蓝色。詹森借机对芬妮说："你看，在清水中投入'坏脾气'，清水也被污染了。你的言语举止就像玻璃球一样，是会感染别人的。当心情不好的时候，要控制自己。否则，坏脾气一旦投射到别人身上，就会对别人造成伤害，再也不能回复到以前。"

芬妮后来发现，当按照詹森的建议去做时，她真的不会那么冲动易怒了，事情也容易理出头绪。在此之前，她的心里早已容不下任何不满、愤怒的情绪，一定要全部发泄出来，许多麻烦就是这样造成的。

此后，芬妮开始有意地控制情绪，当詹森再次造访的时候，两个人又惊喜地发现，那个放白色玻璃球的刻度瓶竟然溢出水来！

慢慢地，芬妮已学会把自己当成一个思想的旁观者，来看清自己的意念。一旦有了不好的想法就很快发现，情绪失控的时候就及时制止。这样持续了一年，她逐渐能够信任自己并且静观其变，生活也步入正轨，并重新得到了一个优秀男士的爱，幸福在她的生活中渐渐出现了。

如果你也有和芬妮一样的问题，就得学着控制自己的情绪了。

不能控制情绪的人，往往给人一种不成熟或还没长大的印象。如果你仔细想想，就会意识到，只有小孩子才会说哭就哭，说笑就笑，说生气就生气。这种行为发生在小孩身上，大人会认为这是天真烂漫，但如果发生在一个成年人身上，人们就不免会对这个人的人格发展产生怀疑了。而谁能放心让一个"孩子气"的人来完成重要的事务呢？控制不了情绪会让你离成功越来越远。

不要动不动就泪流满面，即使真的非常伤心，也不要在人前失态，找个没人的角落痛哭一场，然后立即擦干泪水，微笑着返回人生的战场。记住：帮你获胜的是坚强而不是眼泪。

不要动不动就暴跳如雷，生气比流泪的坏处更多：偶尔生气，别人会怕你；常常生气，别人就不在乎，反而会抱着“你看，又在生气了”的看戏心理，这对你的形象也是不利的。同时，他们会和你保持距离，你和别人的关系在无形中就拉远了。生气也会影响一个人的理性思维，使之做出错误的判断和决定，而这也是别人对你最不放心的一点。

当你情绪起伏不定的时候，告诉自己千万要冷静。只有懂得了如何控制自己的情绪，你才能一步步走向成功。

第十三章
解译性格密码，遇见心想事成的自己

了解性格的分类

人的性格各不相同。自古以来，人们就对人的性格类型做了无数的划分，但是由于性格的复杂性，相关学者至今没有对性格的类型达成公认的分类方法。

我国古代《灵枢经》一书中，对人的心理和生理上的性格差异进行了详细的论述，将人的性格分为金、木、水、火、土五大类；《黄帝内经》把人的性格分为太阴、少阴、太阳、少阳、阴阳平和五种，它是根据人的体质划分的。

被称为古希腊“医学之父”的希波克拉底根据人的体液的混合程度，把人的性格分为多血质、黄胆汁质、黑胆汁质、黏液质四种。其中多血质的特征是性格爽朗，黄胆汁质的特征是性急，黑胆汁质的特征是抑郁，黏液质的特征是迟钝。在希波克拉底学说的基础上，巴甫洛夫经过补充和修正，把性格分为多血质、胆汁质、黏液质、抑郁质四种。其中多血质的特征是活泼、好动、敏感、反应迅速、喜欢交往、注意力容易转移、兴趣情感易交换；胆汁质的特征是直率、热情、精力旺盛、情绪易于冲动、心境交换剧烈等；黏液质的特征是安静、稳定、反应缓慢、沉默寡言、善于忍耐、注意力稳定；抑郁质的特征是孤僻、行动迟缓、情绪体验深刻、善于察觉到他人不易察觉的细节。

德国心理学家库列奇曼根据人的体型把性格为分裂型性格、躁郁型性格和黏液型性格。他认为瘦长型的人多为分裂性格，矮胖型的人多为躁郁性格，强壮型的人多属黏液性格。美国心理学家谢尔顿在库列奇曼的基础上对体型与性格的关系做了更深入的探讨，提出了“体型性格学”，把性格分为内脏紧张型、身体紧张型和头脑紧张型。

此外，瑞士一位心理学家曾对人的性格类型进行了多年研究，并把人在日常生活中、与人交往中的性格特点分为四类。他发现，相同性格类型的人更容易相互交往。因此，如果你了解了自己的性格属于哪种类型，就可以在生活和工作中扬长避短，有效地改善人际关系，使工作和生活变得更加轻松和愉快。当然，一个人可能同时具有两种或两种以上性格类型特点，但他所具有的主要特征则代表其类型。

这四种性格类型及其特点是：

1. 敏感型

这类人精神饱满，好动不好静，办事爱速战速决，但是行为常有盲目性。与人交往中，往往会拿出全部热情，但受挫时又容易消沉失望。这类人最多，约占40%，在运动员、行政人员和各种职业的人中均存在。

2. 感情型

这类人感情丰富，喜怒哀乐溢于言表，别人很容易了解其经历和困难。这类人不喜欢单调的生活，爱感情用事。在生活中喜欢鲜明的色彩，对新事物很有兴趣。在与人交往中，容易冲动，有时易反复无常，傲慢无礼，所以与其他类型人有时不易相处。这类人占25%，在演员、活动家和护理人员中较多。

3. 思考型

这类人善于思考，逻辑思维强，有较成熟的观点，一切以事实为依据，一旦做出决定，就能够持之以恒。生活、工作有规律，爱整洁，时间观念强，重视调查研究和精确性。但这类人有时思想僵化、教条，纠缠细节，缺乏灵活性。这类人约占25%。在工程师、教师、财务人员和数据处理人员中较多。

4. 想象型

这类人想象力丰富，喜欢憧憬未来，在生活中不太注重小节。对那些不能立即了解其想法的人往往很不耐烦。有时行为刻板、不合群，难以相处。这类人不多，大约只占10%。在科学家、发明家、研究人员和艺术家、作家中居多。

现在最常见的性格分类法是由被誉为“性格专家”的美国著名女作家弗洛伦斯·妮蒂雅发明的。她把性格分为活泼型、力量型、完美型、和平型四种类型。这种性格划分方法是通过测试来确定人们的性格特征的。弗洛伦斯·妮蒂雅所倡导的性格类型划分方法既简洁又条理清楚，使被测试者在短时间内就能对自己的性格类型有一个比较清楚的把握。同时这种划分方法也让被测试者认识到每一个人都是独一无二的，自己天生就有与兄弟姐妹不同的性格组合特征。没有哪种性格比另一种更好，而每一种性格都有许多的优点和缺点，各种性格都有其非比寻常的价值，正像太阳照射的七彩光一样，每一种颜色都缺一不可。

总之，不管有多少种关于性格的分类，也不管是根据哪方面进行的分类，都是为了帮助人们更好地了解自己和认识别人。

女人的性格密码

女人的性格就像七彩的服装一样，各有不同，色彩斑斓。对女性性格做个简要统计，可归纳出10种类型。这10种类型的性格各有其优点，也各有待完善之处。也许你恰恰属于这10种之一，或者有某些性格和这10种之中的某一种有些相近。女性朋友们不妨看看自己属于哪种性格，并且通过下文中提到的方法来完善自己的性格，让自己更加迷人可爱。

1. 逍遥消费型女性

这种类型的女性常出入高级饭店、宾馆、高级购物场所，手里有大把大把的票子，喜欢无拘无束地生活；她们只要现在，不问明天；常常穿着奇装异服，追求高档次、高格调、高价格；在恋爱方面，她们喜欢和与自己有共同嗜好或有强大经济实力的男性交往。

忠告：这样的女性，应该避免自以为是，不倾听友人的劝告。因为青春不会永在，靓丽如花，凋谢时剩下的同样是秃枝干杈。

2. 畏首畏尾型女性

这类女性对于快节奏的生活越来越缺乏自信，办事思前顾后、畏首畏尾、缺乏创意；喜欢穿洁净高雅的服装，生活上从不奢侈，喜欢做家务或做手工；易于和知识层次较高的男孩恋爱，不慕金钱，讲求人品、家境。

忠告：这样的女性，应避免滋长自己对他人的依赖意识，要加强自信心和适应外界环境能力的培养。

3. 自以为是型女性

这样的女性自我意识很强，很难把别人看在眼里，常常用金钱和时间来充实自我；喜欢着装高贵、脱俗；喜欢和极富天才的男性交朋友，恋爱充满了浪漫。

忠告：这样的女性，应忌人际关系艰涩，看不起弱者。需谨记曲高和寡。

4. 传统型女性

这样的女性具有一种贵族气质，常用高傲的态度对待所有的朋友，表现出自身的居高临下；喜欢穿着十分讲究的衣服，喜欢传统绘画作品和传统室内装饰，喜欢和自己性格相差较大的男性结合。

忠告：这样的女性，应忌因自己的家世地位感到骄傲；忌怀疑他人的所作所为。

5. 光说不练型女性

这样的女性是健谈者。喜欢穿色彩跳跃的服装和别具特色的款式，不讲究装饰和首饰；常常发现自己所提的方案、办法一个个地落空，因没有付诸实施而宣告灭亡；喜欢稳重坚强的男性，常常对异性充满兴趣并保持交往。

忠告：这样的女性，应忌兴趣过于宽泛，广而不精；忌业荒于嬉。

6. 忠心耿耿的职业型女性

这样的女性情愿牺牲自己的业余时间投身工作，虽然常遭到领导和同事的欺负，却仍每天卖命去工作并以此为荣。在性格上，为了塑造自我形象，排斥一切娱乐活动，并以工作忙碌作为借口。这样的女性穿着普通或整日不脱制服；喜欢完美的男性，尤其是不惧危险而有魅力者。

忠告：这样的女性，应忌生活固定于单层面领域；忌过于疲劳而失去工作的情趣。

7. 追求时髦型女性

这样的女性常以光彩、华丽的服饰做外壳，喜欢谈论高级装饰品，高级消费场所见闻，以此展示自我魅力；崇尚物质享受，爱慕虚荣，对待朋友的态度被势利的眼光左右；喜欢与可以满足其虚荣心的男性交往，以随时赠送礼物和物质享用为第一条件。

忠告：这样的女性，应忌因一时冲动和物质利益而留下终生的遗憾；忌失去自我价值。

8. 拜金主义型女性

以保值为人生最大乐趣，把所有值钱的东西换成保值品如黄金等。性格高傲，固执己见，外人难以揣测其心理特征。这种女性感情十分丰富，穿着夺目。喜欢和衣着潇洒、风度翩翩的男性交往。

忠告：这种女性，应忌缺乏充实的内心寄托；忌缺少人间情感交融。

9. 自我表现型女性

这样的女性善于不分场合、地点展示自己的才能。在性格上喜欢不断地丰富头脑，为的是能有更多的机会出风头。学习新事物的意愿强烈，但往往缺乏应有的毅力和恒心。喜欢穿鲜艳款式的服装或与众不同的色彩服饰，喜欢正直、老实而有鉴赏力的男子。

忠告：这样的女性，忌举止轻浮，不踏实；忌脱离群众。

10. 听天由命型女性

对周围朋友的事和自己工作、生活中的事无所谓，从不深入思考。凡事不经大脑，听天由命。从性格上看比较随和，虽很精明但懒于实践。喜欢正统的直发，穿着衣服较为朴素；喜欢比自己大的，各方面都显得比较成熟，让人有依靠感的男性。

忠告：这种女性，忌为他人左右，缺乏自主性；忌轻易认同他人，以免受骗上当。

每个女人都是与众不同的，做最好的自己，彰显自己的性格魅力，改正自己的性格缺陷，你会越来越迷人。

性格稳重助力生活理性

女人总是喜欢把自己当成长不大的孩子，可是如果想立足社会，就应该告别稚嫩，给自己贴上稳重的标签。稳重是褪去稚气后的成熟，只有成熟、做事沉稳的人，在工作和生活中才能得到重用，一展自己的才华。

三国时期鼎鼎大名的谋士诸葛亮便是一个十分稳重的人。翻开《三国演义》，我们便不难发现，诸葛亮从来都不打没有准备的仗，也从来不过早地妄下结论。他做任何事情、做任何决定，都是先经过深思熟虑，并对当时的形势有一定的了解和掌握后才开始行动的。他稳重的性格也让他几乎是事必躬亲，而且总是将事情做得善始善终。这也难怪刘备放心将军中大小事务一一交于诸葛亮治理，甚至在弥留之际将自己的儿子刘禅与蜀国一并托付于他。正是诸葛亮的稳重让刘备对他做事十分放心，并完全信任他。

性格稳重的人往往能担负起别人的嘱托，并获得别人的信任。因此，要让逆反的个性隐藏，彰显自己沉稳的做人、做事风格，稳妥地将事情做好，使别人不仅仅对自己放心，更省心。

稳重是理性的沉淀，生活需要稳重。稳重能让我们远离厄运，远离诱惑，稳重能让我们拥有智慧。考场上，稳重是一把锁；赛场上，稳重是一面旗；遇到困难时，稳重是希望的曙光。可以说，稳重是人生的一种生存智慧，得到它，我们的人生就能少些挫折，多些收获。

但有的时候，很多女人觉得稳重很难把握，掌握不好就会变成默默无闻。那么，应如何培养自己的稳重性格呢？下面几点大家应该注意：

（1）为稳重性格画像，让自己更容易把握它的状态。

（2）给心灵一个沉淀的机会。生活中的烦心事就如同水中的灰尘，慢慢地，它们就会沉淀下来。

（3）保持冷静，从容镇定。生活中，总会有许多让人着急的事情使人手忙脚乱，结果越急越糟糕。所以，我们要保持冷静性情，戒除急躁。无论何时，保持冷静、从容镇定都能使我们更好地洞悉局面，从而做出正确选择。

（4）培养宠辱不惊的心态。《菜根谭》中有这样一句名言："宠辱不惊，闲看庭前花开花落；去留无意，漫观天外云卷云舒。"著名人口学家马寅初就将这句名言悬于自己的书房中，以润泽自己的心胸。我们也应保持宠辱不惊的心态，从容镇静。

（5）俯视人生。俯视，可以让我们看透生活的琐碎、人生的匆忙、世事的变化。同样，俯视也可以让我们的性情变得更加稳重。

（6）给烦躁的心情一些转变的时间。当我们遇到烦恼的事情，难免焦虑不安，心急气躁，这时给心灵一个转变的时间，才能让自己渐渐摆脱困扰，镇静下来，达到心如止水。

（7）学会独处养生。独处，可以养生；独处，可以让疲惫的身心得到休息；独处，可以解脱自己。学会独处，有利于培养稳重型性格。

当你有心成为一个稳重的女人，又在行动上积极往"稳重"靠拢时，自然就能变成一个更成熟、更理性的人。

有独立的性格，才能活出精彩的自我

女人要想拥有好命，就要及早地让自己独立。独立既包括物质上的独立，也包括精神上的独立。这种独立不是那种"女强人"的不可一世的特立独行，而是拥有自己的生活空间、内心感受和表达方式。

独立是魅力女人的必备要素，人格独立才算得上魅力女人。在事业上有主见，就不会受他人摆布；在生活中有自己的圈子，就不会因脱离男人而孤独。独立是一种很高的境界，需要高素质的心态和全新的价值观。

有工作的女人在物质上有独立感，这种感觉能使她们的精神独立有相对坚实的地基。但有些女人并没有自己的事业，在经济上依赖男人，不少男人也以此自傲，把女人视为自己的私有财产，甚至轻视女人。其实，没有社会工作，持家也是一种职业，如果男人在外面打拼能有工资，那女人持家也应有报酬。

以往男人总把自己提供的家庭生活费视为对女人的报酬，这是不对的。生活费只是一种家庭必需的成本，它没有在经济上体现持家女人的价值。关心和尊重女人不是一句空话，男人应主动量化女人持家的价值，并愉快地付给这笔象征着对女人价值尊重的“工资”。千万不要小看这个程序，这是女人走向物质独立的关键。女人有独立感才会有尊严，男人面对有尊严的女人才会重视她。女人如果缺少独立感，男人对她就不会有长久的好感，甚至会背叛她。所以，女人首先一定要在物质上、经济上保持独立，才会有持久的魅力。

相对于物质独立来说，女人的精神独立更为重要，因为男人活在物质世界中，女人却活在精神世界里。女人的精神是无比神秘和无比丰富的诱人世界，女人精神的独立是对自己的确认。当女人的精神世界被别人支配时，这个女人就十分悲哀了。女人可以在自己的精神世界里建立起一个美好的王国，当她自豪地感觉到自己就是这个王国的女皇时，就会在现实生活中找到自信。女人的精神独立还体现在她的思想是受自己支配的，而不会为别人盲目改变自己的行动。不成熟的女人总是太在乎别人对自己的想法。其实这大可不必。女人一定要学会在精神上独立，只有精神独立，才能真正地坚强和自信起来，即使面对变幻无常的社会，也不会丢掉自己的微笑。

香奈儿是一个崇尚经济独立、积极进取的时尚女人，也是一个浪漫女人。她的名字后来成为女性解放与自然魅力的代名词。

她年轻时是巴黎一家咖啡厅的卖唱女，经历过一次失败的情感——18岁时当了花花公子博伊的情妇。她没有就此沉沦下去，而是借助博伊的帮助开了3家时装店，使她的服装进入巴黎的上流社会。

对于浮夸与矫情的上流社会，香奈儿的礼服是玛戈皇后装的翻版。香奈儿和她的服装充满了怪异，但也充满了致命的吸引力。有一次，她的长发不小心被烧去几绺，她索性拿起剪刀把长发剪成了超短发。在她走进巴黎舞剧院之后的第二天，巴黎贵妇们纷纷找到理发师给她们剪“香奈儿发型”。无论是香奈儿的香水还是香奈儿的服装，真正的魅力都在它们的制造者身上。

30岁以后的香奈儿还清了欠博伊的钱，她独立了。从1930年一直到死，她都独自住在巴黎利兹饭店的顶楼，她是世界上最著名的服装设计师之一，但她不是妻子，不是情妇，不是母亲。

每天晚上睡觉的时候，她唯一需要确定的是，那把心爱的剪刀依然放在自己的床头柜上。她说："上帝知道我渴望爱情，但如果非要我选择，我选择时装。"

香奈儿回忆自己漫长的一生时，给女人们的忠告是："也许我会令你感到惊讶，但归根结底，我认为一个女人若想要快乐，最好不要遵从陈腐的道德。做出这种选择的女人具有英雄的勇气，虽然最后很可能付出孤独的代价，但孤独能帮助女人们找到自我。我爱过的两个男人从来不了解我。他们很有钱，却不曾了解女人也想做些事。忙碌起来能使你的分量加重。我很快乐，但几乎没人知道这一点。"

说到底，女人独立自主的意识，最终决定了女人的独立。

独立的女人虽然不一定有小鸟依人的可爱，楚楚动人、惹人怜爱的泪眸，但是她风风火火的行事作风、敢作敢为的勇气，同样也有让人眼前一亮的风采。

高情商把控优质生活

高情商女人也许并不具备过人的天资，但她们都有这样的特征：不管情绪如何，总是坚持正常工作。她们努力培养"在其位"的努力，使自己置身于一个最可能取得成功的环境之中；她们只要有一个不那么完备的计划、一个粗糙的想法、一个简单念头，就会着手去干，然后加以改进，她们懂得：不去尝试，就永远实现不了自己的目标。

高情商女人是创造者，是社会生活的推动者。她们懂得正是不断的努力把人生的罗盘导向了成功。高情商女人致力于那些有可能完成的事情，对自己面临的每一个挑战，都全力以赴甚至背水一战。

高情商女人可能并不是人群中最聪明的，但都是满腔热忱、意志顽强的人。对成功而言，情商有时比智商更重要。全身心地投入，是许多成功女性最动人的剪影，也是高情商女人的独有品质。高情商的女人是奋斗型的女人，同时也是心态积极的女人，她们在奋斗的过程中，照样享受生活，品味幸福。

高情商女人善于把自己的思路和言谈都引导到振奋人心的、鼓舞人的观念上，善于体验现实中的美好事物。她们认为过去是一个可供借鉴的信息库，而未来是一片快乐的、前途无限的、引人入胜的乐园。她们积极地解决问题，把环境中的消极方面压缩到最小限度，并竭力找出积极的东西，百般呵护它，使它成长。她们经常对别人微笑，也得到别人微笑的回报。她们对经历过的活动总是给予积极的评论，总是热情洋溢地回忆自己与人共处的时光。

高情商女人对于别人的帮助报以满心的感激和由衷的赞扬，致力于维护互相关心的友好气氛。失败时，她们勇于承担责任，设法减少冲突，很快地改变别人的戒备态度，去投入眼下的工作。她们真诚地肯定对方，并且说："请告诉我你的观点。"然后注意倾听，不去争论辩解。即便是一点儿微不足道的帮助，她们都会真心诚意地给予回报。她们用真诚的肯定来赞美别人所做出的贡献。她们理解别人发火可能是由于内心的恐惧，平心静气地和对方商讨问题，同时纠正针对自己的消极的评论，不使矛盾在唇枪舌剑中升级。

高情商女人爱用这样一些词语：很好、好的、我喜欢、了不起，等等。高情商的女人知道保持一种积极向上的乐观的态度，这是她们拼搏获胜的关键。同一件事，常常可以被说成"好的"或"坏的""快乐的"或"痛苦的"。高情商的女人坚信"好的""快乐的"，摒弃"坏的""痛苦的"，因为她们知道，心态的积极向上，也能引导事物向这方面发展。

不完美，心理上才安全

生活中总有一些女人信奉完美主义，对自己对他人都追求完美。她们可能会因为衣服不好看而拒绝集体出行，也可能因为学识不佳而不敢跟人谈恋爱。可是人生根本没有什么十全十美的事情，何必把自己折腾得这么累？凡事尽力而为即可，无法改变的事情就不要过度在意，要懂得从内心善待自己，才能成为一个幸福快乐的女人。

具有完美主义倾向的女人通常不愿意接受自己做不好某事的事实，内疚和自责会让原本优秀的她们长期生活在失望之中。追求完美的女人可能过于“执着”，少了一些变通的智慧。当一件事情没有做好的时候，她们的心理安全感会大大降低。

下面我们就通过一位学者讲述的故事来了解什么是“心理安全感”。

我的学姐艾米做的论文是关于医院医疗过失的调查。如何减少医疗过失率？它不光会造成物质上的浪费，更会威胁病人的生命健康。她的导师海克曼曾经对团体组织做过调查，在某些特定条件下，这些团体组织会表现得更出色。艾米想将导师的研究结果应用到自己论文中，想证明在某些特定条件下，比如更好的团队合作、更有效的指导等，医院的表现会更出色，除此之外，医院的医疗过失会减少。

很长一段时间的研究后，她将结果报告给了导师。数据分成两组，一组是执行了那些特定条件下的医疗过失率，一组是没有执行特定条件。

导师却表示质疑——她的研究结果很有价值，不过与期待的相反。那些执行特定条件的医院，医疗过失率反而上升了。这在其他领域都已经得到证实。好吧，既然数据没错，我们必须尊重结果，现在回到医院去找出现这些结果的原因。

她回到医院，突然意识到了问题所在：那些医疗过失率上升的医院并没有出现更多的医疗过失，他们只是汇报了更多的医疗过失；事实上，那些在纸面上医疗过失率降低的医院，出现了更多的医疗过失，他们只是没有汇报而已！毕竟过失可大可小，有些可以隐瞒，有些却包不住。他们的主要错误是没有汇报出来。

于是，艾米的研究方向变成了“心理安全感”，意思是：你在工作中谈论或者汇报错误、过失时感到的安全感。

那些“心理安全感”水平较高的组织，员工不惧怕谈论出现的种种过失。他们是学习型的组织，懂得如何从失败中学习、成长。

不论是作为领导者管理团队，还是作为父母管理孩子，如果被管理的一方和你讨论错误的时候感到安全，他们就不容易走进“完美主义”的怪圈，因为他们不害怕错误，敢于面对它，因而就更容易取得成功、获得快乐。华盛顿砍断了爸爸心爱的樱桃树，他勇敢地承认了自己的错误，这说明他有良好的心理安全感。而在他的人生成长中也会经历无数次类似“无心犯错”的故事，他只要勇于面对，就能从中收获不少东西。

完美主义的人缺少的正是心理安全感。他们如果觉得自己一旦承认不能做得很好，就会被他在意的人轻视或者批评，而这归根结底是一种逃避问题的态度。所以，完美主义性格并不是所谓的“完美性格”。女人要明白这个道理，正是生活中的不完美，增强了自己的心理安全感。